PLANTES FOURRAGÈRES

DESCRIPTIONS ET FIGURES

AVEC

notices détaillées sur leur culture et leur valeur économique ainsi que sur la récolte des semences et leurs impuretés et falsifications, etc.

Ouvrage publié au nom du Département fédéral du Commerce et de l'Agriculture

par

le Dr F. G. Stebler,
Directeur de la Station fédérale de Contrôle des semences à Zurich,

ET

le Dr C. Schrœter,
Professeur de botanique à l'École polytechnique de Zurich.

Traduit par

le Professeur Henri Welter,
Vice-président de la Société d'Horticulture de Genève.

2me PARTIE

avec 15 planches chromo-lithographiques et de nombreuses gravures sur bois

BERNE
K. J. WYSS, libraire-éditeur

BRUXE[illegible]
Librairie europée[illegible]
(Merzbach [illegible]
Libraires du Roi et [illegible]
45, Rue de la [illegible]

LES MEILLEURES

PLANTES FOURRAGÈRES

DESCRIPTIONS ET FIGURES

AVEC

notices détaillées sur leur culture et leur valeur économique ainsi que sur la récolte des semences et leurs impuretés et falsifications, etc.

Ouvrage publié au nom du Département fédéral du Commerce et de l'Agriculture

par

le Dr F. G. Stebler,
Directeur de la Station fédérale de Contrôle des semences à Zurich,

et

le Dr C. Schrœter,
Professeur de botanique à l'École polytechnique de Zurich.

Traduit par

le Professeur Henri Welter,
Vice-président de la Société d'Horticulture de Genève.

2e PARTIE

avec 15 planches chromo-lithographiques et de nombreuses gravures sur bois.

BERNE
K. J. WYSS, libraire-éditeur

1884.

PRÉFACE.

En donnant la publicité à cette seconde partie de notre ouvrage des *Meilleures Plantes fourragères*, nous ne pouvons laisser de constater que, depuis l'apparition de la première, les opinions que l'on s'en faisait ont avantageusement tourné en sa faveur. Des personnes qui, précédemment, le regardaient comme une entreprise superflue, sont persuadées aujourd'hui de son utilité et reconnaissent qu'il doit contribuer efficacement aux progrès de la culture fourragère et, par conséquent, à l'augmentation de la richesse nationale. Encouragés par ce succès, les auteurs se proposent de traiter prochainement, de la même manière et avec l'aide du Conseil fédéral, des plantes fourragères des Alpes ainsi que des mauvaises herbes de nos prairies. Le bon accueil qu'a reçu notre premier volume, tant à l'étranger qu'en Suisse, et chez les gens pratiques aussi bien que chez les hommes de science, nous a déterminés à vouer encore de plus grands soins à la seconde partie. Aussi présente-t-elle, vis-à-vis de la première, des améliorations notables à la fois dans le texte et les planches. Afin de faciliter l'usage de ces dernières, la désignation de chacune des figures analytiques a été exprimée en mots entiers et non pas au moyen de lettres initiales, comme on s'était borné à le faire dans la première partie. En considération du véritable avantage résultant de cette innovation, nous avons cru devoir passer sur la différence qui dérivait de là non seulement avec toutes les planches du premier volume, mais aussi avec les deux avant-dernières de celui-ci, qui ont été établies déjà l'année dernière. Mais ici, comme précédemment, la dénomination des figures représentant les plantes entières doit être cherchée dans l'explication des planches. Tous les dessins analytiques sont dus à M. le D[r] et professeur *Schrœter*, sous la direction duquel ont aussi été exécutées les figures coloriées qui donnent les plantes en grandeur naturelle. C'est encore lui qui a rédigé les descriptions botaniques et fourni une grande partie des données relatives à la distribution géographique des espèces et à leurs limites d'altitude. Pour ce qui est de ces descriptions botaniques, s'il peut sembler qu'il y a là peut-être trop de science pour la capacité intellectuelle de bien des lecteurs, ce sont elles cependant qui forment la base indispensable pour la distinction des espèces fourragères. — Quant aux Notions générales qui se trouvent dans la première partie, il est bien entendu qu'elles conservent toute leur valeur par rapport aux plantes décrites dans la seconde, de même que le présent volume est le complément indispensable du précédent. — A moins d'avis contraire, les analyses chimiques que nous citons ont été faites par M. le Dr *Barbieri*, sur des matériaux provenant du champ d'essais de notre Station fédérale de Contrôle des semences. Ce terrain est finement argilo-sableux, riche en humus et pauvre en calcaire, et c'est à sa qualité qu'il faut sans doute rapporter la forte proportion des cendres dans les plantes qu'il avait nourries. Celles-ci étaient toujours prises dans la deuxième année de leur développement.

Nous recommandons encore cette seconde partie de notre ouvrage au jugement bienveillant du public, et à ce vœu nous joignons l'expression de notre reconnaissance envers la haute autorité dont l'assistance a fait que ce livre est accessible au cultivateur à un prix si modique. N'oublions pas non plus de remercier dûment l'éditeur et le lithographe de leur bon vouloir envers nous et des soins apportés à l'impression du texte et des planches.

ZURICH, le 12 février 1884.

Dr F. G. Stebler.

NB. — Pour des raisons indépendantes de ma volonté, la traduction des Monographies XV—XXV a dû être faite par M. J.-C. DUCOMMUN, à Berne.

H. W.

TABLE DES MATIÈRES.

XVI. L'alpiste roseau.

Phalaris arundinacea, L.

Famille des Graminées.

L'alpiste roseau ou alpiste arundinacé porte différents noms suivant les contrées: on l'a appelé chiendent-ruban, ruban de bergère, roseau rubané, et sa variété à feuilles veinées de blanc, qui est fréquemment cultivée dans les jardins, se nomme ruban panaché, chiendent panaché, roseau à feuilles panachées, roseau panaché. Dénomination.

Cette graminée a été cultivée déjà par *Sinclair*, et on la recommande pour garnir les terrains forts et argileux. Les premiers agronomes allemands qui l'aient cultivée en grand sont *Ruden*, instituteur à Buckow près Lichtenrade, et *Palm*, préfet, qui se sont en première ligne occupés de sa culture vers 1850 et l'ont recommandée surtout pour les terrains où le trèfle rouge ne réussissait plus d'une manière certaine. Histoire.

Dans tous les cas, l'alpiste roseau a une grande valeur agricole dans certaines conditions, surtout dans les terrains humides, où il peut donner un rendement considérable, attendu qu'il atteint une hauteur de 2 mètres, qu'il pousse des rejets vigoureux, qu'il ne se couche pas et que, une fois semé, il ne périt jamais. Il n'a, il est vrai, qu'une valeur médiocre comme fourrage; dès l'époque de la floraison, il devient dur et ne peut plus alors être employé que comme litière. Toutefois, même en cette qualité, la culture de l'alpiste roseau est très-avantageuse, attendu qu'elle est facile et que son produit surpasse celui de toutes les autres graminées qui croissent dans l'humidité. Dans les contrées montagneuses, où l'on manque de litière, on devrait vouer toute son attention à la culture de cette plante sur un sol qui lui convient. Valeur agricole.

Description botanique. L'alpiste roseau ne forme pas de touffes proprement dites, mais bien des *rejets*, qui se terminent par des chaumes isolés. Les pousses latérales sont donc toutes extra-vaginales; elles se présentent d'abord horizontales le plus souvent, plus rarement obliques ou même dirigées verticalement en bas, avec une longueur souterraine variable et atteignant 10 à 15 centimètres, pour se diriger ensuite vers le haut et se terminer par un chaume feuillé (fig. A). Tant qu'elles restent sous le sol, elles sont garnies d'écailles blanches ou un peu brunâtres, de l'aisselle desquelles partent souvent d'autres pousses latérales. A la base du chaume aérien, on trouve fréquemment aussi des écailles dépourvues de limbe et colorées en rouge intense, auxquelles succèdent des feuilles à limbe vert, mais court, puis des feuilles avec toute leur croissance. — Le *chaume* a de 90 à 200 centimètres de haut; il ressemble à un roseau, avec une consistance dure et un aspect complètement lisse et luisant. — Les *feuilles* ont des gaînes lisses, ouvertes, enroulées, membraneuses au bord; le chaume bien développé présente, du moins à sa partie supérieure, des nœuds découverts, les gaînes n'ayant que la moitié de la longueur de l'internode. Lorsque les chaumes sont vigoureux, il sort des aisselles de plusieurs feuilles, et surtout des feuilles supérieures, des rameaux feuillés extra-vaginaux, qui se dirigent en haut. — Le limbe des feuilles (fig. 13), dont la préfoliation est convolutée, est plane, large (jusqu'à 2 millimètres), dur, muni en dessous d'une nervure médiane saillante et au bord d'aiguillons dirigés en arrière. A droite et à gauche de la nervure médiane, on observe (surtout au verso de la feuille) 6 à 7 fortes nervures de chaque côté et, entre deux, trois nervures moins fortes (fig. 14). La coupe transversale présente partout des couches libériennes allant d'un épiderme à Description botanique.

l'autre, et en outre des cellules bulliformes entre toutes les côtes (fig. 14). La *ligule* est allongée et aiguë (fig. 15). — L'*inflorescence* constitue une panicule d'un vert pâle ou rougeâtre (fig. B), largement étalée au moment de la floraison, contractée avant et après la floraison. — L'*épillet* est uniflore et muni de 4 glumes: les deux extérieures (fig. 1, 2) sont à peu près d'égale grandeur, trinerviées et fortement carénées, munies de courts aiguillons sur la carène et sur leur surface, teintées de vert pâle ou de couleur rougeâtre. Les deux glumes intérieures (fig. 3, 4, 5, 6, 7) sont notablement plus petites et se composent de deux parties bien distinctes, savoir d'une écaille inférieure ovoïde, luisante, cartilagineuse, lisse et glabre (fig. 5 et 6), et d'une languette supérieure membraneuse, allongée et aiguë, se terminant par un pinceau de poils qui est de à peu près de moitié moins longue dans la glume inférieure que dans la glume supérieure. — La *glumelle inférieure* est à 5 nervures, cartilagineuse, blanche, luisante, obtusément carénée, pourvue de poils rares sur la carène et sur la surface (fig. 3, 4, 7 à 9). La *glumelle supérieure* est, comme l'autre, obtusément carénée (et non à deux carènes, comme le sont le plus souvent les glumelles supérieures); elle n'a pas de nervures visibles (fig. 3, 4, 7 à 9). — La *fleur* elle-même se compose de deux squamules ovales et aiguës atteignant la moitié de la longueur de l'ovaire; elle a 3 étamines à anthères rougeâtres et un ovaire allongé et glabre, surmonté par deux stigmates aspergilliformes. — Au moment de la floraison, les glumelles et les glumes ne s'ouvrent que médiocrement et laissent saillir les étamines et les stigmates à leur sommet.

Le *faux-fruit* qui se détache des glumes extérieures persistantes se compose du caryopse enveloppé des glumelles et des deux glumes intérieures en forme d'écailles (fig. 7 à 9). Le caryopse et la glumelle supérieure sont presque complètement recouverts par la glumelle inférieure, qui est lisse, luisante, cartilagineuse, brunâtre à la maturité, et qui, aiguë à l'extrémité, est un peu comprimée et forme une carène à la partie antérieure et à la partie supérieure. A sa base se trouvent les deux glumes internes, dont les parties inférieures, qui ont la forme d'écailles, sont colorées en brun foncé, tandis que les languettes supérieures, qui sont ciliées et d'un brun clair, sont adhérentes aux angles du fruit. — Le *caryopse* (fig. 10 à 12) lui-même est libre (non adhérent aux glumelles), comprimé, d'un brun foncé, finement chagriné; il porte l'embryon à la base de l'un des angles et le hile à la base de l'autre. — Longueur du fruit: $3._5^{mm}$, du caryopse $1._5^{mm}$.

Variétés.

Variétés. On cultive souvent comme plante d'ornement, dans les jardins, une variété (var. *picta*, *Hort.*), dont les feuilles sont striées de blanc et dont la taille est moins élevée. *Sinclair* a également observé des variétés à feuilles striées de blanc dans le dactyle aggloméré et dans l'agrostide traçante.

Distribution géographique.

Habitat, climat, sol, engrais. L'alpiste roseau croît sauvage dans *toute l'Europe* jusqu'en Laponie (jusqu'au 68me de degré de latitude nord) et dans l'*Amérique du nord;* en *Asie*, on le rencontre dans toute la Sibérie et au Japon.

Stations.

Chez nous, on le trouve très-abondamment au bord des fossés à eau courante, dans les prés humides et surtout dans les endroits où le sol est riche et où l'eau séjourne souvent; de plus, au bord des étangs, surtout dans les lieux ombragés.

Limites d'altitude.

Cette graminée ne s'élève pas bien haut dans les alpes; elle se tient généralement dans le fond des vallées: sa plus haute station dans les alpes est celle d'Alt-St. Johann (870^{m}). *Ledebour* l'indique en Arménie à une altitude de 1600^{m}.

Climat.

Elle n'est pas délicate quant au climat et aux intempéries. Dans les stations qu'elle affectionne, elle supporte le froid et la sécheresse; elle ne souffre pas non plus de l'ombre.

Sol.

L'alpiste roseau prospère surtout dans les prairies humides et momentanément inondées. Il supporte parfaitement des inondations prolongées. On peut aussi le cultiver dans des terrains consistants et frais. On obtiendrait même de bons résultats sur un sol sablonneux et décidément sec, bien que le développement soit moindre. En revanche, il ne peut prospérer sur les terrains tourbeux.

1000 kilos de foin enlèvent au sol: *Epuisement du sol.*

Azote	6.7	kil.	Chaux	2.7	kil.
Acide phosphorique	7.1	»	Magnésie	0.9	»
Potasse	18.0	»	Silice	30.6	»
Soude	0.3	»	Acide sulfurique	3.1	»

Engrais. Si les conditions d'humidité du sol sont favorables, cette plante n'est pas difficile quant à la qualité, parce qu'elle possède un système de racines extraordinairement ramifié et pénétrant profondément dans le terrain. Elle est extrêmement avantageuse pour l'irrigation.

Végétation. **Végétation, rendement, valeur fourragère.** L'alpiste roseau pousse des rejets souterrains qui parcourent le sol dans toutes les directions et n'envoient au-dessus du terrain que des chaumes élevés, mais peu denses. Les feuilles sont minces, mais elles sont très-larges et ont une longueur de 20 à 30^{cm}. — *Développement.* Le développement a lieu de bonne heure au printemps, et la végétation dure jusqu'à la fin de l'automne. L'année du semis, le produit est médiocre; ce n'est que la seconde année que la plante acquiert tout son développement. La floraison se fait au milieu de juin. Toutefois, on doit faucher l'herbe avant cette époque, car sans cela la plante durcit notablement et perd de sa valeur nutritive.

Rendement. Dans les endroits favorables, on fait trois coupes par an. Sur un terrain sablonneux et humide, riche en humus, *De Gasparin* a obtenu 276 quintaux de foin, renfermant 1.516 % d'azote. *Sinclair* a récolté 236 quintaux de foin par hectare sur une terre glaise sablonneuse avec sous-sol argileux et 393 quintaux sur un sol argileux.

Valeur fourragère. Lorsque les plantes sont fauchées jeunes, le bétail les mange volontiers. En tout cas, la proportion d'albumine est minime, ainsi que le démontrent toutes les analyses.

100 kil. de foin, récoltés avant la floraison, renferment 78.8 % de matières organiques, dont:

Matières azotées ou albumineuses ($N \times 6.25$)	4.2 %
(azote dans l'albumine 0.38, dans le suc exempt d'albumine 0.301 %)	
Fibre végétale	29.8 »
Substances extractives non azotées	43.6 »
Graisse	1.2 »

D'après *Ritthausen* et *Scheven*, les éléments nutritifs se composent de 5.3 % de matières azotées, de 37.4 % de fibre végétale, de 35.0 % de substances extractives et de 1.7 % de graisse. Les feuilles sèches renferment, d'après *Arendt*, 2.27 % d'azote, les chaumes seulement 0.58 %.

La plante est donc, en tout cas, notablement plus riche en principes nutritifs que la paille. Quant à la composition chimique, elle se rapproche beaucoup du maïs. Seulement, la proportion de graisse n'est que de moitié, et celle d'albumine est un peu moindre. A l'état jeune, l'alpiste roseau a un goût douceâtre, à cause du sucre qu'il renferme. On l'utilise surtout avec avantage pour la nourriture des chevaux. Lorsque les chaumes sont devenus trop durs, il faut les hacher. — La dureté des chaumes et le peu de consistance des gazons le rendent peu propre au pâturage.

Récolte. **Récolte, impuretés et falsifications de la semence.** La semence de l'alpiste roseau est mûre au commencement de juillet dans les endroits secs, souvent seulement en août dans les lieux humides. On reconnaît le moment favorable de la maturité en ce que la panicule se colore en jaune, que les semences se détachent par le frottement et que les gaînes des feuilles supérieures se décolorent. On coupe alors les panicules pour les battre plus tard.

Rendement. *Hannemann* évalue à 200 kilos par hectare le rendement des semences.

Impuretés et falsifications. La semence que l'on rencontre dans le commerce est assez pure. Les falsifications sont rares et faciles à reconnaître.

Qualité. **Semence et semis.** Une bonne semence doit renfermer 95 % de graines pures, dont 60 % ayant la faculté germinative. 1 kilo de semence pure contient en moyenne Quantité. 1,450,000 grains; 1 hectolitre pèse de 55 à 60 kilogrammes. On sème par hectare 24 kilos de semence comportant 57 % de grains purs et capables de germer, soit 1368 centièmes de kilo, et par arpent $8._5$ kilos, soit 485 centièmes de kilo. Le prix de la semence est en moyenne de fr. 3. 50 par kilo.

Augmentation par rhizomes. La multiplication se fait non seulement par voie de semis, mais encore par les rhizomes (boutures), qui sont enterrés à une distance d'un pied et reçoivent un léger labourage; ces rhizomes se développent bientôt, forment des buissons étendus et oc- Semis. cupent le terrain tout entier. Cependant, la multiplication par graines est plus simple et plus sûre. Ce qu'il y a de mieux, c'est de cultiver la plante pour elle-même ou, Mélanges. dans les terrains humides, mélangée avec un peu de fiorin (agrostide traçante). Çà et là, on la mélange aussi avec d'autres graminées et des espèces de trèfle pour créer des prés d'irrigation. Toutefois, elle n'est pas propre à faire des prairies d'assolement et des tréflières, parce que les rejets souterrains sont très-difficiles à extirper. Grâce à ses puissants organes souterrains, on peut avantageusement l'utiliser pour consolider les talus au bord des rivières et des ruisseaux. Les terrains marécageux et mous deviennent plus fermes et plus accessibles, parce que les pousses souterraines, qui sont rampantes et dures, et les racines maintiennent le sol dans un état compacte. Sa haute taille et l'ombre dense qu'elle projette la rendent propre à détruire les mauvaises herbes à fortes racines, telles que la prêle des champs, le tussilage, etc.

Explication de la planche 16.

Fig. A. Partie inférieure de la plante, avec plusieurs stolons.
» B. Panicule en pleine floraison.
» 1. Epillet avant la floraison.
» 2. Epillet en fleur.
» 3. Le même, dont on a enlevé les deux glumes extérieures.
» 4. Le même, vu de la glume intérieure supérieure.
» 5. La paire rudimentaire intérieure de glumes, vue de côté.
» 6. Une des deux glumes intérieures, vue de dos.
» 7. Faux-fruit, vu de côté.

Fig. 8. Faux-fruit, vu de la glumelle supérieure.
» 9. Le même, vu de la glumelle inférieure.
» 10. Caryopse, vu de profil.
» 11. Le même, vu de l'angle dorsal (avec l'embryon à la base).
» 12. Le même, vu de l'angle ventral (avec le hile à la base).
» 13. Coupe transversale de la partie supérieure d'un rejet foliacé (avec une gaîne et un limbe convoluté).
» 14. Coupe transversale de la moitié d'un limbe de feuille développé.
» 15. Ligule.

XVII. Le pâturin des prés.

Poa pratensis, Linné.

Famille des Graminées.

Dénomination. Les anciens auteurs de traités d'agriculture l'ont aussi nommé pâturin à cinq fleurs, pour le distinguer du pâturin commun, dont les épillets sont triflores. Toutefois, on le trouve à épillets contenant de 3 à 5 fleurs. Dans l'Amérique du nord, il porte le nom de gazon bleu (bluegrass).

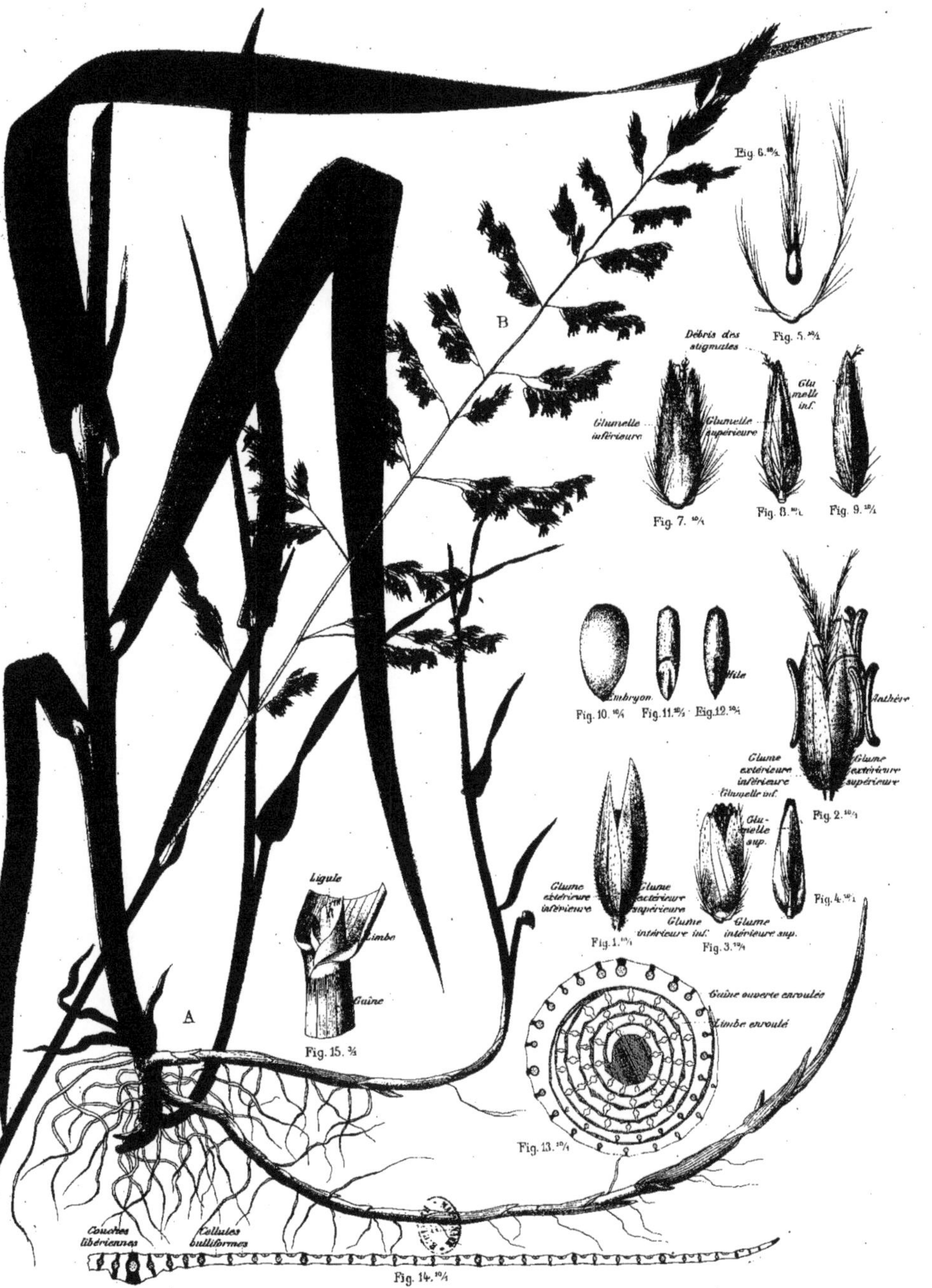

Phalaris arundinacea, L.

Alpiste roseau.

Schröter ad. nat. del. — C. D. Lith. Coopérative, Zurich.

Le pâturin des prés est une des graminées au sujet desquelles on a écrit et enseigné beaucoup de choses contradictoires et fausses. En particulier, on l'a très-fréquemment confondu avec le pâturin commun. Aussi les descriptions sont-elles souvent inexactes dans les anciens auteurs et même dans les ouvrages modernes. — Déjà vers le milieu du siècle dernier, la variété à feuilles étroites de cette plante était recommandée en Angleterre et dans l'Amérique du nord, comme fourrage à cultiver, sous le nom de «birdgrass». Toutefois, ce n'est que récemment, avec l'essor donné à l'agriculture par les nouvelles voies de communication, que la culture en est devenue générale. Histoire.

Le pâturin des prés est une herbe fine et printanière, qui convient parfaitement comme pâturage ou comme herbe basse pour les prés à faucher durables et permanents. *Block* le classe parmi les meilleures plantes à pâturage, et ce serait sans aucun doute la meilleure des herbes basses si la seconde pousse était plus forte. C'est pour cela que, dans les bons terrains, on lui préfère la crételle, mais il a sur celle-ci l'avantage que la semence est à plus bas prix. — Il est vivace et forme de beaux gazons compactes. Valeur agricole.

Description botanique. Le pâturin des prés forme une touffe lâche, unie et s'étendant au loin, composée de nombreuses touffes partielles reliées les unes aux autres par de longs stolons *souterrains* et traçants. Aussi rencontre-t-on deux sortes parfaitement différentes de pousses latérales, savoir: Description botanique.

1. Rejets traçants souterrains et extra-vaginaux (fig. A), qui, en sortant de la gaîne-mère, s'étendent horizontalement sous le sol ou (notamment lorsqu'ils naissent du milieu d'une forte touffe) s'enfoncent verticalement jusqu'à une profondeur de 16 cm., pour se diriger ensuite en haut en formant un arc bien prononcé. Dans les deux cas, le stolon, après un séjour plus ou moins long dans le sol, finit par percer à la surface pour donner naissance au chaume d'une touffe partielle. Tant que le stolon est souterrain, il porte des feuilles écailleuses, incolores, dures et dépourvues de limbe, dont la supérieure, qui se termine par un cône aigu et rigide, sert à la fois à la protéger et à lui permettre de percer le terrain.

2. Rejets intra-vaginaux latéraux, qui se dirigent immédiatement vers le haut et dont les chaumes forment les touffes partielles (fig. A).

Le chaume est *lisse*, dressé, d'une hauteur de 30 à 90 cm., cylindrique ou un peu comprimé-ancipité.

Les feuilles sont pourvues de gaînes glabres, *lisses*, entièrement fermées dans les pousses latérales et présentant un *pli* profond sur la face antérieure, vis-à-vis de la nervure médiane (fig. 17). (Dans sa monographie des espèces européennes de Festuca, planche I, fig. 10, *Hackel* fait mention d'un fait semblable pour la Festuca amethystina et la Festuca scaberrima). Dans le cas qui nous occupe, la gaîne est dépourvue de sillon et simplement annulaire dans sa partie inférieure (fig. 17 *a*); le pli commence au quart de la hauteur, pour atteindre son maximum vers les trois quarts (fig. 17 *b*) et diminuer de nouveau jusqu'au sommet de la gaîne; immédiatement au-dessous du sommet, le pli est très-peu prononcé (fig. 17 *c*). Plus tard, le pli se déploie par la croissance des gaînes et des limbes qu'il entoure (fig. 17 *d*), et enfin la gaîne se déchire. *Döll*, *Ascherson* et d'autres décrivant les gaînes comme ouvertes, il est à croire que ces auteurs n'ont eu sous les yeux que des gaînes de pousses déjà avancées et des gaînes caulinaires. Les pousses feuillées sont fortement comprimées-ancipitées. — Le limbe de la feuille est plié dans la préfoliation (fig. 17 *b*); il est diversement conformé suivant les variétés (voir plus bas). Il porte ordinairement 7 fortes nervures et entre elles un nombre variable de nervures plus faibles (fig. 18); en six endroits, répartis symétriquement, de la face supérieure, l'épiderme s'élargit pour former des cellules que *Duval-Jauve* nomme « cellules bulliformes » et *Tschirch* « Gelenkzellen » (fig. 18); au dessus des fortes nervures des deux moitiés de la feuille se trouvent de faibles cannelures, et les côtes libériennes atteignent, en haut et en bas, les faisceaux vasculaires.

La ligule est *courte* et *tronquée* (fig. 19).

L'inflorescence consiste en une panicule pyramidale, contractée avant la floraison et étalée pendant la floraison, d'un vert bleuâtre, quelquefois teintée de violet ou de brun.

Les épillets renferment de 3 à 5 fleurs (fig. 1 et 4); les glumes sont faiblement ciliées sur le dos. Les glumelles inférieures sont munies à leur base et sur la nervure dorsale, jusqu'aux $^3/_4$ de leur hauteur, de longs poils frisés et entremêlés à la façon d'une toile d'araignée (fig. 3), qui s'entrelacent avec l'indument analogue des glumelles voisines. Si donc l'on enlève une paire de glumelles de l'épillet (ou si l'on casse les fleurs supérieures du rachis de l'épillet), les glumelles ne tombent pas à terre et restent suspendues et ballantes à l'épillet, grâce à ces poils entremêlés (fig. 2). Cette particularité permet de distinguer facilement les Poa pratensis et trivialis du Poa annua, qui du reste leur ressemble, mais auquel manque cette « laine conjonctive », de sorte qu'une paire de glumelles tombe à terre lorsqu'elle a été enlevée. Outre ces longs poils, la glumelle inférieure est velue aussi sur les nervures marginales (fig. 3). La glumelle supérieure, qui a presque la même longueur que l'inférieure, est, comme d'habitude, pourvue de deux carènes ciliées.

La fleur se compose des deux squamules, qui sont fortement élargies vers le haut et profondément bifides, et en outre dentelées-érodées au bord supérieur, de trois étamines et d'un ovaire qui dépasse les squamules et qui est muni de deux stigmates plumeux, sortant latéralement (fig. 5).

Le développement de la fleur est absolument le même que dans le ray-grass anglais (Lolium perenne).

A la maturité, l'épillet se sépare dans les divers faux-fruits dont il se compose (caryopse entouré des glumelles) et dont chacun entraîne avec lui un fragment de l'axe de l'épillet, en forme de pédicelle placé devant la glumelle supérieure (fig. 10). Les faux-fruits sont reliés entre eux par la laine conjonctive; ces groupes peuvent de nouveau s'entremêler les uns aux autres, de sorte que les faux-fruits forment des glomérules. Si, au moment de la maturité, on passe à côté des panicules de Poa pratensis, les faux-fruits s'attachent par leurs poils crispés aux vêtements, et l'on devient ainsi, involontairement, le propagateur des semences. C'est précisément dans cette possibilité de transporter les fruits par l'entremise des animaux qui passent que gît pour cette plante l'importance de la laine conjonctive.

Les glumelles ne sont pas adhérentes au caryopse et peuvent s'en détacher facilement.

La glumelle inférieure (vue de côté dans la fig. 11) s'élargit vers le haut; les nervures sont à peine saillantes au-dessus de la surface de la glumelle*). Par ses bords arqués en avant, la glumelle supérieure l'enveloppe au point que l'on ne voit plus les carènes (fig. 10). A la face ventrale du faux-fruit (fig. 10), la glumelle supérieure ne paraît que faiblement renfoncée. Le pédicelle du faux-fruit supérieur de chaque épillet, qui atteint la moitié de sa longueur, porte à son extrémité un capitule *globuleux* formé de glumelles avortées (fig. 9); ce pédicelle est tronqué dans les autres faux-fruits de l'épillet.

Le caryopse lui-même est légèrement concave sur la face ventrale (fig. 14; voir aussi la coupe transversale fig. 16) et arrondi sur le dos (fig. 13 et 16); il porte à la base de la face ventrale une chalaze arrondie et se termine en pointe des deux côtés. Il est couronné, au sommet, par la touffe caduque des stigmates desséchés (et non par un « faisceau de poils », comme *Nobbe*, Handbuch der Samenkunde, le prétend, page 409, et le représente fig. 213 *b*).

Longueur du faux-fruit	2—3 mm
» du caryopse	1—1.6 mm
» du pédicelle	$^1/_9$—$^1/_2$ du faux-fruit.
Epaisseur du pédicelle	0.08 mm

Variétés

Variétés. On rencontre plusieurs variétés, dont les suivants ont surtout de l'importance au point de vue agricole: 1° Le pâturin des prés *commun* (Poa pratensis vulgaris, Döll), d'un vert gai, avec des feuilles radicales longues et faiblement carénées. 2° Le pâturin des prés *à larges feuilles* (P. p. latifolia, Koch), blue-grass des Américains, d'un vert bleuâtre, à feuilles radicales plus courtes, mais plus larges. 3° Le pâturin des prés *à feuilles étroites* (P. p. angustifolia, Smith), à feuilles radicales longues, étroites et pliées.

---

*) Dans la figure, une erreur du lithographe fait paraître la nervure trop saillante.

Distribution géographique.

Habitat, climat, sol, engrais. Le pâturin des prés croît spontanément: dans toute l'*Europe* jusqu'en Laponie, à la Nouvelle-Zemble et au Spitzberg; en *Asie* dans toute la Sibérie jusqu'à une latitude nord de 75° 36′ et jusqu'au Kamtschatka, ainsi que dans le Caucase; en *Amérique* dans toute la partie nord, au Grœnland, au détroit de Magellan et dans les îles Malouines; en outre, en *Australie*.

Stations.

Cette graminée est commune dans les prés, sur les coteaux, sur les murs et dans les haies.

Limites d'altitude.

Elle est très-abondante dans les basses alpes et monte jusqu'à 2000^m d'altitude; on la trouve à l'Albula (2100^m), au Julier au-dessus de Stalla (1910^m), à Bevers (1700^m), à Schuders et à Mesocco (1800^m), à Zermatt (1500—1750^m), à Churwalden (1260^m), à Engelberg (900^m).

Climat.

Comme le pâturin des prés possède un système de racines extrêmement compacte et très-ramifié et que les pousses latérales souterraines sont protégées contre l'ardeur du soleil, il peut sans inconvénient, dans un bon terrain, supporter un degré très-élevé de sécheresse; c'est un des motifs principaux pour lesquels il est tellement répandu à l'ouest de l'Amérique du nord. Il est également, par la même raison, insensible au froid.

Sol.

Il réussit très-bien dans les bons terrains meubles, riches en humus et chauds; c'est l'herbe la plus répandue dans le sol riche des prairies de l'Amérique du nord, dont il constitue souvent la totalité. Son abondance est considérée comme indiquant un bon terrain; dans la règle, les «fermes à gazon bleu» se paient à des prix élevés. Il prospère moins bien dans les terrains lourds et compactes que dans ceux qui sont moyens ou légers. On peut même le cultiver dans les terrains secs et sablonneux, pourvu qu'ils renferment un peu d'humus et se trouvent dans de bonnes conditions de fumure. Il réussit également dans les terrains humides, à condition qu'ils ne soient pas trop compactes, ainsi que sur les sols de marais bien desséchés, tandis qu'on ne le rencontre pas dans les terrains décidément mouillés ou acides. Il ne réussit pas bien non plus dans les terrains pauvres en humus, surtout lorsque ceux-ci sont très-légers, ou bien très-compactes et pauvres.

Epuisement du sol.

D'après nos analyses, 1000 kg. de foin enlèvent au sol:

Azote	9.9	Magnésie	0.4
Acide phosphorique	8.2	Chaux	1.9
Potasse	15.0	Acide sulfurique	1.3
Soude	0.5	Acide silicique	24.8

D'après d'anciennes analyses, l'épuisement en substances nutritives présente les chiffres suivants pour 1000 kg. de foin:

	Way et Ogoston.	Knop et Arendt.	Collier.	Ritthausen et Scheven.
Azote	—	16.6 kg.	15.8 kg.	14.6 kg.
Potasse	20.0 kg.	—	18.8 »	
Soude	0.4 »	—	—	
Chaux	2.9 »	4.3 »	2.1 »	
Magnésie	1.4 »	2.0 »	1.4 »	
Acide phosphorique	5.2 »	3.9 »	4.4 »	
» sulfurique	2.2 »	—	2.1 »	
» silicique	17.2 »	27.0 »	13.5 »	

Engrais.

Il préfère l'engrais consommé à l'engrais frais, mais, dans un terrain favorable, il produit d'autant plus.

Végétation.

Végétation, rendement, valeur fourragère. Ainsi que nous l'avons exposé plus haut, le pâturin des prés pousse souvent de très-longs stolons, qui se dirigent ensuite vers le haut et y forment de petites touffes. Comme ces stolons sont très-nombreux, les touffes constituent, à partir de la seconde année, un gazon compacte. La première année, l'herbe reste encore petite, ne donne pas naissance à des chaumes et présente encore çà et là des lacunes. Ce n'est que la deuxième et la troisième année qu'elle atteint tout son développement. Au printemps, la plante pousse assez tôt et fleurit, suivant l'exposition, de la fin de mai au milieu de juin. A la seconde coupe, elle ne donne plus de chaumes, pas même de ceux qui se couchent sur le sol et s'y enracinent (comme on l'a prétendu par erreur), mais seulement des feuilles, dont la longueur varie, selon les terrains, de 10 à 30^{cm}. Ces feuilles elles-mêmes ne croissent que lentement ; aussi la seconde pousse est-elle peu productive.

Développement.

Sur un terrain fertile, meuble et léger, *Vianne* a obtenu :

à la première coupe (en fleur) .	5286	kg. de foin par hectare,
» » seconde » . . .	1815	» » » » »
Sinclair, à la première coupe . . .	2962	» » » » »
» » seconde » . . .	1380	» » » » »

Récolte

Le meilleur moment pour la récolte est celui de la floraison. Si on laisse la plante devenir plus vieille, les chaumes se dessèchent et deviennent semblables à de la paille ; les feuilles sont dures et coriaces, sans perdre leur couleur verte. 100 kg. d'herbe donnent en moyenne 35 kg. de foin.

Rendement.

D'après *Sprengel*, on peut admettre un rendement de 80 à 100 quintaux de foin par hectare. *Sinclair* en a obtenu 87, *Vianne* 142.

Valeur fourragère.

D'après nos analyses, 100 kg. de foin renferment 79.8 % de matières organiques, savoir :

Substances azotées (N × 6.25)	6.2 %
(Azote dans l'albumine 0.75 %, dans le suc exempt d'albumine 0.28 %)	
Fibre végétale	41.9 »
Matières extractives non azotées	30.3 »
Graisse	1.4 »

Suivant d'anciennes analyses, la valeur fourragère du foin se présente comme suit :

	D'après Way.	D'après Scheven et Ritthausen.	D'après Collier. I.	D'après Collier. II.
Substances azotées	8.9 %	9.1 %	10.0 %	6.4 %
Fibre végétale	32.7 »	35.4 »	24.0 »	19.4 »
Matières extractives non azotées . .	37.0 »	34.9 »	45.0 »	51.3 »
Graisse	2.3 »	2.5 »	2.5 »	4.0 »

La proportion de matières nutritives est donc un peu moindre que dans un foin de qualité moyenne.

Récolte.

Récolte, impuretés et falsifications de la semence. La semence que l'on rencontre dans le commerce provient en grande partie de l'Amérique du nord. La petite quantité récoltée en Europe ne provient pas de culture ad hoc ; elle se recueille dans les endroits non cultivés. La culture en vue de la graine ne serait guère avantageuse chez nous. Pour récolter la semence, on n'attend pas, pour couper les chaumes, que toutes les graines soient mûres, attendu qu'on en perdrait beaucoup ; on commence à faucher dès que les panicules deviennent brunes et que les épillets se contractent en glomérules. Les semences qui ne sont pas complètement à maturité finissent de mûrir par la dessiccation. Plus tard, on bat en grange. Toutefois, on ne doit ni emballer immédiatement les semences dans des sacs, ni les emmagasiner en gros tas; il faut les étendre sur le sol en couches minces, parce qu'elles s'échauffent facilement et perdent ainsi la faculté de germer. En effet, comme elles sont pourvues de longs poils à leur base, elles s'enchevêtrent et forment des paquets feutrés, ce qui en rend la conservation assez difficile. Il ne faut pas non plus les semer avec ces poils, attendu que les graines ne se répartiraient pas également; on doit enlever ces poils en frottant ou en battant les graines à la main ou à la machine, puis les épousseter de façon que chaque grain soit isolé. Si tous les poils ne disparaissent pas à la première opération, on renouvelle celle-ci, et enfin on passe le tout au crible, sur lequel restent les épillets encore entiers; on les bat ou les frotte de nouveau et on les tamise. En procédant de cette façon, on obtient une semence égale, de belle apparence et exempte de laine, qui se vend à un prix plus élevé.

Le rendement en semences est d'environ 5 à 10 quintaux par hectare. Rendement.

On rencontre très-fréquemment dans le commerce la semence non battue et ayant par conséquent encore à sa base les poils floconneux; elle forme alors une masse compacte et feutrée, de sorte que les personnes qui ne sont pas bien au fait peuvent croire qu'elle est moisie et que les fils laineux sont la moisissure. Aucun agriculteur ne devrait acheter de semence non battue, bien que le prix en soit moins élevé. En la frottant et en l'époussetant, on perd de 20 à 40 % en laine et en balles, mais la graine a alors une valeur notablement supérieure. Impuretés.

Il arrive que la laine et la balle de la semence battue sont employées pour être mélangées avec la semence non battue, dans le but de vendre encore à un prix élevé ces matières sans valeur. La marchandise contient alors, cela se comprend, plus de 20 à 40 % de balle. On falsifie aussi quelquefois la semence avec la canche gazonnante (fig. 40), qui se distingue sans difficulté du pâturin des prés. La falsification au moyen de l'épi-du-vent (fig. 41) est plus rare et moins nuisible aux prés, parce que la plante est annuelle. Falsifications.

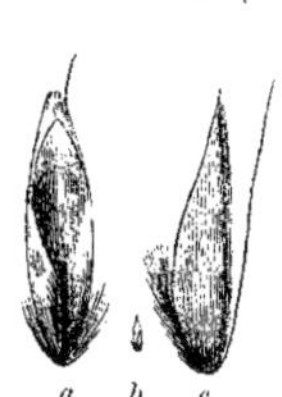

Fig. 40.
Canche gazonnante.
Aira cæspitosa, L.
a. Faux-fruit, de grandeur naturelle; *b*. grossi 8 fois et vu de la face ventrale; *c*. grossi 8 fois et vu de côté.

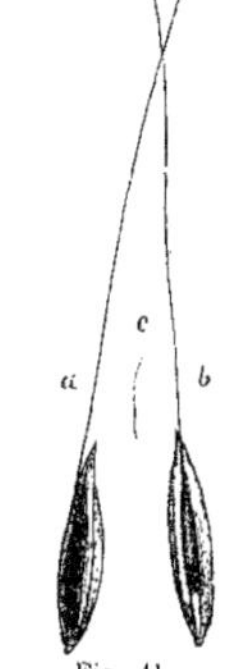

Fig. 41.
Agrostide jouet-du-vent.
Apera spica venti, P. Beauv.
Faux-fruit avec son arête: *a*. Face dorsale, grossi 7 fois; *b*. face ventrale, grossi 7 fois; *c*. grandeur naturelle.

Qualité. **Semence et semis.** D'après nos analyses, la pureté moyenne est de 84.1 %; la faculté germinative, prise sur la moyenne de 101 essais faits avec 800 grains chacun et à la lumière, de 48 %. Or, une bonne marchandise bien battue doit renfermer 95 % de semences pures, dont 50 % pouvant germer = 47.5 % de valeur utile. Un kilo de
Quantité. semence pure renferme en moyenne 5,269,000 grains. La quantité moyenne de semailles est de 20 kilos par hectare pour une marchandise ayant 48 % de valeur utile, soit 960 centièmes de kilo, et de 7 kilos par arpent, soit 336 centièmes de kilo. Toutefois, à l'exception des gazons d'ornement, on ne sème jamais le pâturin des prés
Mélanges. sans mélange, mais seulement comme herbe basse, en mélange avec d'autres graminées, pour prairies temporaires et surtout pour prairies permanentes, notamment dans les terrains secs. Cette plante n'est pas bonne en mélange avec le trèfle. Il ne faut jamais enterrer la graine après l'avoir semée, mais seulement faire passer le rouleau, par la raison qu'elle germe mieux à la lumière que dans l'obscurité.

Analogies. Le pâturin des prés a une grande ressemblance avec le pâturin commun et est souvent confondu avec lui. Il s'en distingue en ce qu'il ne pousse que des stolons souterrains, tandis que le pâturin commun a des rejets aériens radicants. Le pâturin des prés a aussi une couleur plus foncée; la ligule est courte et le chaume lisse (voir le tableau page 16).

Explication de la planche 17.

Fig. A. Plante entière en floraison.
» 1. Epillet avant la floraison.
» 2. Le même après qu'on en a enlevé les 3 fleurs supérieures, pour montrer la manière dont celles-ci restent suspendues à la laine conjonctive.
» 3. Une paire de glumelles isolée; la glumelle inférieure porte des poils conjonctifs à sa base et sur la nervure dorsale.
» 4. Epillet en fleur.
» 5. Fleur avec la glumelle supérieure (sans les étamines).
» 6. Un groupe de faux-fruits réunis par les poils crispés.
» 7. Faux-fruit, vu de côté (dans les fig. 7 à 12, la laine conjonctive a été enlevée).
» 8. Faux-fruit, vu de la glumelle supérieure.
» 9. Faux-fruit supérieur d'un épillet; pédicelle de moitié aussi long que le faux-fruit entier; au sommet, un glomérule *globuleux* de glumelles avortées.
» 10. Faux-fruit, vu de la glumelle supérieure et fortement grossi.
» 11. Faux-fruit, vu de côté, élargi vers le haut, côtes de la glumelle inférieure non saillantes.
Fig. 12. Faux-fruit, vu en biais de côté et de la glumelle supérieure, après qu'on a enlevé la glumelle inférieure.
» 13. Caryopse, vu du côté dorsal.
» 14. Caryopse, vu du côté ventral (faiblement concave).
» 15. Caryopse, vu de côté.
» 16. Coupe transversale du caryopse; en haut, le côté ventral faiblement déprimé; en bas, le côté dorsal à carène parfaitement ronde.
» 17, *a-d*. Coupes transversales de la gaîne d'une feuille des rejets feuillés, prises à diverses hauteurs.
17 *a*. A la base, gaîne sans pli. Grossissement 6/1.
17 *b*. Au quart supérieur, maximum du pli. Grossissement 20/1.
17 *c*. Sous le sommet de la gaîne, pli faible.
17 *d*. Coupe transversale d'une vieille gaîne, avec pli déployé.
» 18. Coupe transversale du limbe de l'avant-dernière feuille supérieure d'un rejet feuillé.
» 19. Ligule d'une feuille caulinaire.

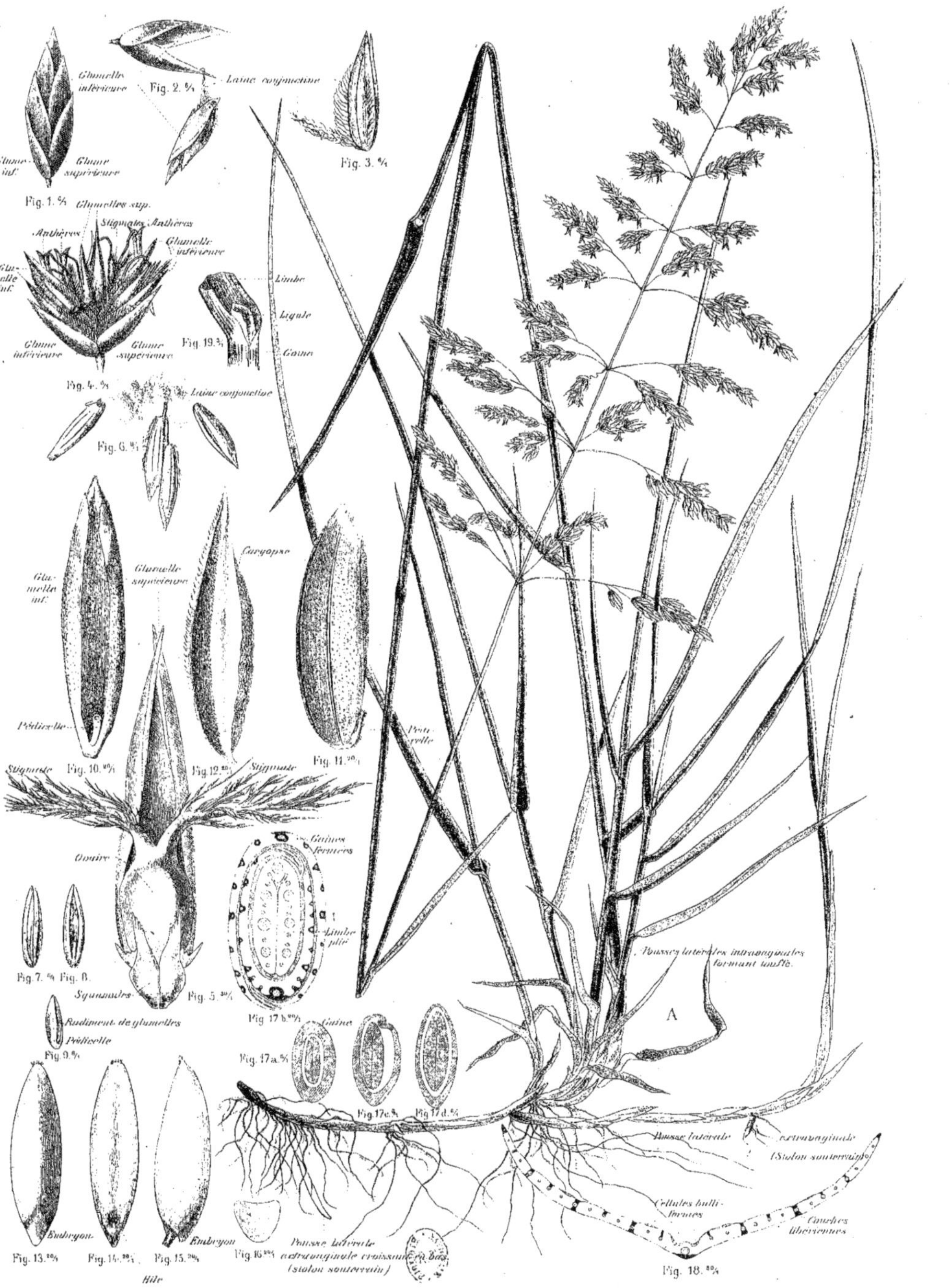

Poa pratensis, L.

Pâturin des prés.

& L. Schröter ad. nat. del.

c.d. Lith. Coopérative, Zurich.

XVIII. Le pâturin commun.

Poa trivialis, Linné.

Famille des Graminées.

Dénomination.

Dans la Suisse allemande, les paysans appellent simplement cette espèce « herbe naturelle » (Naturgras), parce qu'en peu de temps elle s'introduit d'elle-même dans les champs incultes ou dans les endroits non occupés par d'autres plantes, et qu'elle forme souvent le fond de la végétation dans les localités où l'on a laissé à la nature le soin de former des gazons. On la nomme aussi gazon d'Angleterre ou pâturin à trois fleurs.

Historique.

C'est incontestablement en Angleterre que la culture de cette graminée est la plus ancienne. Dès 1681, *Worlidge* la recommandait sous le nom de « Orcheston-grass », parce qu'elle domine dans la célèbre prairie d'Orcheston, dans le Wiltshire près Salisbury. Vers 1875, *Boys* de Bethanger la cultivait dans le comté de Kent. Depuis lors, on l'a fréquemment aussi cultivée et décrite sur le continent, mais on en a généralement exagéré la valeur. De tout temps, le gazonnement naturel dans les contrées montagneuses s'est basé sur cette graminée.

Valeur agricole.

Je n'ai pu constater la vérité de l'assertion d'après laquelle le pâturin commun serait considéré en Lombardie comme «la reine des plantes fourragères». On l'y trouve, il est vrai, dans les prairies arrosées, mais il est surtout très-abondant dans les montagnes et dans les contrées humides voisines des cours d'eau, où il donne, dès la première coupe, un fourrage abondant et d'excellente qualité et où, en conséquence, il est vanté outre mesure. A la seconde coupe, lorsqu'il ne forme plus qu'un gazon enchevêtré, de deux doigts de haut, le paysan ne le reconnaît plus, le prend pour une autre plante et le maudit. S'il poussait en hauteur à la seconde coupe et donnait un produit aussi abondant qu'à la première, ce serait sans doute une des meilleures graminées fourragères, mais tel n'est pas le cas. Ce n'est ni une herbe basse, ni un fourrage de haute taille : à la première coupe, il atteint bien 2 et 3 pieds et même de 4 à 8 pieds, mais à la seconde ce n'est plus qu'un gazon bas et feutré. On ne peut donc l'utiliser principalement que pour les prairies créées une fois pour toutes et en même temps permanentes, puisqu'il est vivace.

Description botanique.

Description botanique. Le pâturin commun forme une touffe lâche et étendue au loin, composée de rejets tous aériens, en partie ascendants, en partie rampant plus ou moins sur le sol et portant des feuilles normales à limbe. Toutes les pousses feuillées sont extra-vaginales; elles ne se distinguent les unes des autres que par le plus ou le moins de longueur de leur partie horizontale *aérienne.* Les longues pousses latérales se couchent sur le sol, s'enracinent fortement (fig. A, à droite en bas) et engendrent ensuite, à chaque nœud, une tige feuillée ascendante; ces sortes de stolons sont toujours *aériens*, ce qui les distingue de ceux du pâturin des prés, qui sont souterrains.

Le chaume est couché à sa base et se redresse en arc au deuxième et au troisième nœud; il a de 60 à 90^{cm} de haut et est toujours rude en arrière. (On ne connaît qu'une seule variété, trouvée par *Döll* dans le grand-duché de Bade, qui ait le chaume et les gaînes complètement lisses).

Les gaînes des feuilles sont *rudes* et *complètement* fermées, au moins dans l'origine, aux pousses feuillées, qui sont fortement comprimées-ancipitées; plus tard, elles se déchirent plus ou moins, sur ces pousses comme sur les chaumes, par suite des nouveaux organes qui se produisent; le pli vis-à-vis de la nervure médiane manque ici complètement (fig. 14). Le limbe est plié dans la préfoliation (fig. 14); il n'a ordinairement que 5 nervures prononcées et un nombre variable de nervures plus faibles entre deux; les «cellules bulliformes» (voir Poa pratensis) de la face supérieure ne sont développées qu'en deux endroits à droite et à gauche de la nervure médiane; au-dessus des nervures les plus fortes se trouvent de faibles *protubérances*; les «côtes libériennes» qui leur correspondent et qui courent sous l'épiderme ne touchent jamais en bas le faisceau vasculaire et ne le touchent que rarement en haut (fig. 15). La ligule est allongée et *aiguë*, érodée-denticulée au bord supérieur (fig. 16-18) celles des feuilles des pousses stériles sont notablement plus courtes que celles des chaumes (fig. 19). L'inflorescence est une panicule dressée, contractée avant la floraison, étalée pendant celle-ci, à contour ovale et d'une couleur vert-pâle (rarement teintée de violet). Les épillets renferment ordinairement 3 fleurs (fig. 1); la glume inférieure est uninerviée et plus courte que la supérieure, qui est trinerviée; toutes deux sont rudes sur la nervure dorsale. Les glumelles inférieures, qui sont pourvues de 5 nervures, ne portent qu'à leur base de longs « poils conjonctifs » crépus; la nervure dorsale et les deux nervures marginales sont munies de poils *courts*. La glumelle supérieure a deux carènes rudes. Une paire de glumelles détachée de l'épillet reste, dans cette espèce aussi, suspendue au moyen des longs poils (fig. 2).

A l'époque de la floraison, les deux glumelles s'ouvrent pour laisser sortir latéralement les stigmates; les anthères s'ouvrent de très-bonne heure, *avant* que les filaments, devenus flasques par suite de la forte tension, opèrent leur mouvement de bascule, de sorte que le pollen peut facilement arriver sur le stigmate de la *même* fleur.

La chute de l'épillet mûr et l'entrelacement des faux-fruits au moyen de la laine conjonctive ont lieu de la même manière que dans le pâturin des prés (fig. 6).

Les glumelles sont assez étroitement adhérentes au caryopse; la glumelle supérieure, surtout, ne s'en détache que difficilement. La glumelle inférieure (fig. 8, vue de côté) se rétrécit passablement en pointe au sommet; ses côtes ne sont point saillantes, ou ne le sont que peu, au-dessus de la surface de la glumelle. Les bords de la glumelle inférieure ne sont que peu recourbés en avant, de sorte qu'ils laissent libre les deux carènes de la glumelle supérieure (fig. 7). Sur la face ventrale du faux-fruit, la glumelle supérieure présente un profond sillon longitudinal (elle est ici comprimée dans le sillon du caryopse). — Le pédicelle du faux-fruit supérieur de chaque épillet, qui atteint la moitié de la longueur du faux-fruit, porte à son extrémité un appendice allongé, rétréci en pointe et scarieux, formé de glumelles avortées (fig. 6); le pédicelle est tronqué au sommet dans les autres faux-fruits de l'épillet.

Le caryopse lui-même est parcouru, sur la face ventrale, par un *sillon* profond (fig. 12; voir aussi la coupe transversale fig. 13) et obtusément caréné sur le dos (fig. 10 et 13); le hile suborbiculaire est placé à la base du sillon; le caryopse est *arrondi* aux deux extrémités.

Longueur du faux-fruit	$2-2\,{}^1/_2{}^{mm}$
» du caryopse	$1-1\,{}^1/_2{}^{mm}$
» du pédicelle	${}^1/_7-{}^1/_2$ du faux-fruit.
Epaisseur du pédicelle	$0._{08}{}^{mm}$

Variétés. **Variétés.** Au point de vue agricole, la variété principale, avec les caractères indiqués ci-dessus, mérite seule d'être prise en considération.

Distribution géographique. **Habitat, climat, sol, engrais.** Le pâturin commun est indigène: dans toute l'*Europe* jusqu'en Irlande et en Laponie (où, d'après *Wahlenberg*, il forme souvent la partie essentielle des prairies); en *Asie*, dans le Caucase, en Géorgie, dans toute la Sibérie et au Japon; en *Afrique*, à Alger et aux îles Canaries. Il a été introduit en *Amérique*.

Stations. On le rencontre partout à l'état sauvage sur les pelouses, dans les bons prés et pâturages, au bord des fossés, dans les champs de blé, dans les champs de trèfle et de luzerne présentant des lacunes, etc. Il ne manque dans aucune bonne prairie de l'Europe centrale et septentrionale.

Limites d'altitude. Il monte en tout cas jusqu'à une altitude de 2500^m au-dessus du niveau de la mer. Les plus hautes stations n'ont toutefois pas encore été constatées. On l'a trouvé dans les alpes de Bavière jusqu'à 1400^m, à Fex 1950^m, dans la vallée du Rheinwald 1400 – 1600^m, au Schwefelberg 1400^m, à Churwalden 1300^m.

Climat et temps. Pour réussir, cette plante exige un climat humide ou un sol frais ou humide. Aussi prospère-t-elle surtout dans les montagnes et près des cours d'eau. Par contre, elle n'aime pas la sécheresse et ne réussit pas bien dans les endroits fortement exposés au soleil. Lorsque la sécheresse est excessive, elle devient rouge et les stolons se dessèchent ou deviennent durs et restent courts, pour pousser de nouveau lorsque l'atmosphère redevient humide. Elle n'est pas sensible au froid, bien qu'elle souffre quelquefois des blanches gelées. Le printemps suivant, elle se remet cependant rapidement.

Le pâturin commun exige, pour prospérer, un sol frais, fertile et riche en humus, plutôt compacte que léger. Aussi réussit-il bien dans tous les bons sols argileux et limoneux. En revanche, le pâturin des prés est préférable dans les terrains légers et secs. Sol.

1000 kg. de foin enlèvent au sol, d'après nos analyses : Épuisement du sol.

Azote	$9._8$ kg.	Magnésie	$1._2$ kg.
Acide phosphorique	$12._7$ »	Chaux	$7._2$ »
Potasse	$26._3$ »	Acide silicique	$19._3$ »
Soude	$1._1$ »	Acide sulfurique	$4._2$ »

Toutefois, *Way* et *Ogoston* ont trouvé, selon *Werner*, dans 1000 kg. de foin (non compris l'eau) :

Acide phosphorique	$7._6$ kg.	Acide silicique	$31._2$ kg.
Potasse	$24._5$ »	Acide sulfurique	$5._7$ »
Magnésie	$2._7$ »	Chlorure de potassium	$5._7$ »

Chaux $7._3$ kg.

D'après *Way*, la proportion d'azote renfermée dans 1000 kg. de foin est de $13._4$ kg. ; d'après *Ritthausen* et *Scheven*, de $14._4$ kg.

Cette graminée est donc riche en acide phosphorique et en potasse et prend au sol une forte proportion de ces substances. Comme les racines ne sont nullement profondes, c'est principalement la couche supérieure du terrain qui s'épuise. Aussi cette plante exige-t-elle, pour prospérer, une couche végétale riche en substances nutritives.

En fumant fortement en automne avec du compost, on peut considérablement favoriser le développement du pâturin commun, attendu qu'un sol meuble et riche en humus et en matières nutritives constitue une base favorable pour le développement des racines et la croissance de la plante. De même, le fumier d'étable, étendu sans soin, favorise indirectement aussi sa propagation, parce que les endroits où les autres graminées ont péri pendant l'hiver à cause de l'excès de couverture profitent à la multiplication du pâturin commun. Par contre, si l'on arrose fortement avec du purin, surtout pendant l'été, la plante reste en arrière, pour reprendre sa croissance lorsque le temps redevient humide, en automne et au printemps. Engrais.

Il est très-propre à l'irrigation. Sur la prairie d'Orcheston, où il est inondé pendant une partie de l'hiver, il atteint une hauteur de 7 à 8 pieds (naturellement pour la première coupe seulement). Toutefois, l'eau doit avoir un bon écoulement pendant l'été. Irrigation.

Végétation, rendement et valeur fourragère. Dans l'année du semis, le pâturin commun ne pousse que des chaumes couchés et radicants. Plus tard, il se produit aux nœuds des rejets latéraux, qui se ramifient eux-mêmes, s'étendent sur le sol et s'enracinent. De cette façon, le terrain est couvert, dès la première année, d'un épais gazon feutré. L'année suivante, on voit s'élever verticalement, des nœuds de ces pousses rampantes, des chaumes tellement serrés les uns contre les autres que la partie inférieure ne peut pas verdir, s'étiole et pourrit même souvent. Dans les stations favorables, le gazon est si épais que la faux a de la peine à s'y frayer un chemin. Après la première coupe, la plante ne produit plus que des touffes de feuilles très-courtes Végétation.

et des rejets rampants, qui s'enracinent bien, mais qui ne donnent ni chaumes ascendants ni feuilles. Aussi le rendement de la seconde pousse est-il très-faible. Si le pâturin commun croît sur un sol dépourvu de gazon ou dont le gazon présente des lacunes, il pousse au printemps, outre les chaumes dressés, à la périphérie de la touffe, des rejets rampants horizontaux, qui s'enracinent en se dirigeant de tous les côtés, couvrent entièrement le sol et produisent, le printemps suivant, des rejets également ascendants. Ce sont surtout les terrains de bonne qualité, dépourvus de gazon et offrant une nourriture suffisante aux racines fibreuses, qui se couvrent souvent rapidement de végétation par ce moyen; la présence fréquente de cette graminée dans les prairies créées par le gazonnement naturel provient de ce mode de végétation, car la récolte précédente, notamment en blé, laisse toujours sur le sol une certaine quantité de plantes et de graines, qui servent de base au développement ultérieur. Si le champ n'est pas complètement couvert la première année, il l'est la seconde, à condition toutefois que le sol soit favorable.

Développement.

Comme cela a été dit plus haut, le pâturin commun ne se développe pas beaucoup la première année et le rendement en est très-faible. Ce n'est que la seconde année qu'il atteint son entier développement. Au printemps, il est vrai qu'il verdit d'assez bonne heure; toutefois, comme les stations où il croît ont un sol qui se réchauffe lentement, ses chaumes poussent un peu plus tard que ceux du pâturin des prés. Dans les parties basses de la Suisse, la floraison a lieu au plus tôt à la fin de mai, dans la règle toutefois seulement au commencement de juin.

Récolte.

Lorsqu'il constitue la partie principale d'une prairie, on doit, si possible, le faucher avant la floraison, parce que les chaumes, qui sont très-serrés, deviennent facilement jaunes à la base et pourrissent dans les stations humides.

A la première coupe, l'herbe atteint une hauteur de 1 à 3 pieds, et même de 4 à 5 pieds et plus dans les stations très-favorables. 100 kg. d'herbe donnent $32._{6}\%$ de foin d'après *Sinclair*, 34 % d'après *Vianne*. *Sinclair* a obtenu par hectare une récolte annuelle de 79 quintaux, *Vianne* une de 120 quintaux et *Pinkert*, la deuxième année, une de 72 quintaux de foin.

Valeur fourragère.

100 kg. de foin renferment, d'après nos analyses, $77._{0}\%$ de substances organiques, savoir:

Substances azotées (N × $6._{25}$)	$6._{1}\%$
(Azote dans l'albumine $0._{77}\%$, dans le suc exempt d'albumine $0._{21}\%$.)	
Fibre végétale	$29._{9}$ »
Matières extractives non azotées	$38._{8}$ »
Graisse	$2._{2}$ »

Selon d'anciennes analyses, la proportion des matières nutritives dans le foin se présente comme suit:

	D'après Ritthausen et Scheven	D'après Way.
Substances azotées	$9._{0}\%$	$8._{4}\%$
Fibre végétale	$34._{5}$ »	$33._{0}$ »
Matières extractives non azotées	$33._{1}$ »	$34._{3}$ »
Graisse	$3._{2}$ »	$3._{2}$ »

La proportion d'albumine est donc moindre que dans un foin de qualité moyenne, tandis que celle de graisse est un peu plus considérable.

Récolte des semences.

Récolte, impuretés et falsifications des semences. A l'exception d'une localité du Danemark, le pâturin commun n'est nulle part cultivé en grand pour la semence; on récolte le plus souvent celle-ci dans les stations où la plante croît spontanément. Les graines sont mûres au commencement ou au milieu de juillet. On les enlève à la main, ou mieux encore on coupe la partie supérieure du chaume, qu'on laisse mûrir et qu'on bat plus tard. Comme les semences ont à leur base une laine presque aussi épaisse que celles du pâturin des prés, elles sont difficiles à nettoyer. A cet effet, le mieux est de les frotter avec la main sur un crible et d'enlever la laine à plusieurs reprises. Chacun peut lui-même récolter les semences qui lui sont nécessaires, dans les champs de blé ou dans les luzernières offrant des lacunes, où le pâturin commun est souvent fort abondant. La chose est d'autant plus nécessaire que la semence réelle de cette graminée est extrêmement rare dans le commerce.

Rendement.

Pinkert évalue à 9 quintaux par hectare la récolte des semences lorsque la plante est cultivée seule.

Impuretés et falsifications

Ordinairement, on vend la semence du pâturin des prés pour celle du pâturin commun. La première (fig. 3 et 7 à 11 de la planche 17) est un peu plus épaisse, plus convexe sur le dos, brunâtre, plus fortement laineuse à la base, velue sur le dos, faiblement sillonnée du côté intérieur, tandis que la semence du pâturin commun (fig. 6 et 8 de la planche 18) est un peu bleuâtre, légèrement plus étroite, moins laineuse à la base et pas du tout sur le dos; le fruit est pourvu d'un profond sillon au côté intérieur. La falsification avec le pâturin annuel, Poa annua, L. (fig. 42), est plus rare. La semence de ce dernier est à peine velue à la base, presque deux fois aussi grosse que celle des deux autres espèces, carénée, de sorte qu'elle se couche toujours sur le côté. Les glumelles sont un peu ailées au bord et munies sur le dos de nervures bien visibles. — Çà et là, le pâturin commun est aussi mélangé avec le pâturin des bois, dont la semence est un peu plus longue, plus aiguë, plus fine, d'une couleur bien moins foncée et plus faiblement verte à la base. On trouve aussi quelquefois, comme impuretés, le pâturin des Sudètes, Poa sudetica, Hænke (fig. 43), avec des fruits

Fig. 42.
Pâturin annuel.
Poa annua, L.
a. et *b*. Faux-fruit.
e. Fruit nu, grossi 7 fois.
d. Faux-fruit, grand. nat.
c. Fruit nu, grand. nat.
(d'après Nobbe).

Fig. 43.
Pâturin des Sudètes.
Poa sudetica,
Hænke.
Faux-fruit,
grossi 8 fois.
a. Face ventrale.
b. Vu de côté.

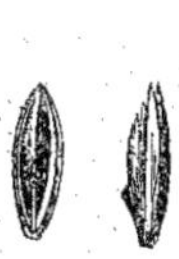

Fig. 44.
Glycérie distante.
Glyceria distans,
Wahlenberg.
Faux-fruit,
grossi 8 fois.
a. Face ventrale.
b. Vu de côté.

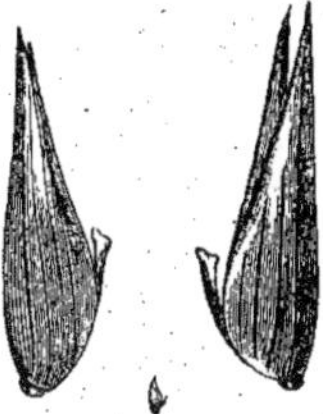

Fig. 45.
Molinie bleue.
Molinia cærulea,
Mœnch.
Faux-fruits, vus latéralement.
a. grandeur naturelle.
b. et *c*. grossis 8 fois.

notablement plus gros, la glycérie distante, Glyceria distans, Wahlenberg (fig. 44), avec des fruits courts et parfaitement ronds, la molinie bleue, Molinia cœrulea, Mœnch (fig. 45), etc.

Qualité. **Semence et semis.** Une bonne qualité doit renfermer au moins 90 % de graine pure, dont 50 % douées de la faculté de germer = 45 % de valeur utile. Un kilogramme de semence pure renferme de 6 à 9 millions de grains. Un hectolitre pèse Quantité. de 12 à 20 kilos. Pour ensemencer un hectare exclusivement avec cette plante, il faut environ 22 kilos de semence ayant une valeur utile de 45 % = 990 centièmes de kilo; Mélanges. par arpent, 8 kilos = 360 centièmes de kilo. Toutefois, on ne l'emploie comme fourrage qu'en mélange avec d'autres graminées, et cela seulement pour des prés arrosés et qu'on ne fauche qu'une fois par an. Il ne convient pas pour des prairies qu'on fauche plusieurs fois et qu'on ne peut pas irriguer.

Caractères distinctifs du Poa pratensis et du Poa trivialis.

Organes.	**Poa pratensis.**	**Poa trivialis.**
Pousses.	Deux sortes de rejets latéraux : 1. Extra-vaginaux, garnis de feuilles rudimentaires, formant des stolons souterrains. 2. Intra-vaginaux, avec des feuilles à limbes, formant des touffes partielles.	Une seule sorte de rejets latéraux, extra-vaginaux, pourvus de feuilles à limbe, plus ou moins longuement rampants *au-dessus* du sol.
Chaume.	Dressé, lisse.	Ascendant, rude.
Gaînes des feuilles.	Lisses, complètement fermées dans les rejets feuillés*), avec un pli vis-à-vis de la nervure médiane.	Rudes, complètement fermées dans les rejets feuillés, sans pli.
Limbe des feuilles.	Rude en arrière, avec 7 nervures, dont les côtes libériennes vont d'un épiderme à l'autre.	Rude, ordinairement muni de 5 nervures seulement, dont les côtes libériennes ne sont pas en contact avec la nervure.
Ligule.	Courte, tronquée.	Allongée, aiguë (courte dans les pousses feuillées).
Epillets.	à 3—5 fleurs.	Ordinairement à 3 fleurs.
Glumelle inférieure.	pourvue de longs poils (laine conjonctive) à la base et sur la nervure dorsale.	pourvue de laine conjonctive seulement à la base.
Faux-fruit.	Glumelle inférieure, vue de côté, s'élargissant vers le sommet; côtes de cette glumelle à peine saillantes au-dessus de sa surface. Glumelle supérieure faiblement concave, à carènes recouvertes par la glumelle inférieure.	Glumelle inférieure, vue de côté, atténuée en pointe vers le sommet; côtes de cette glumelle nettement saillantes au-dessus de sa surface. Glumelle supérieure munie d'un profond sillon longitudinal, à carènes non recouvertes par la glumelle inférieure.
Pédicelle.	épais de $0{,}_{08}$ mm, celui du faux-fruit supérieur de chaque épi portant un glomérule *globuleux* de glumelles avortées.	épais de $0{,}_{04}$ mm, celui du faux-fruit supérieur de chaque épillet portant un glomérule allongé et aigu de glumelles avortées.
Caryopse.	Aigu aux deux extrémités, faiblement *concave* sur la face ventrale.	Arrondi aux deux extrémités, muni d'un *profond sillon* sur la face ventrale.

*) Contrairement aux indications de Döll, Lund, etc.

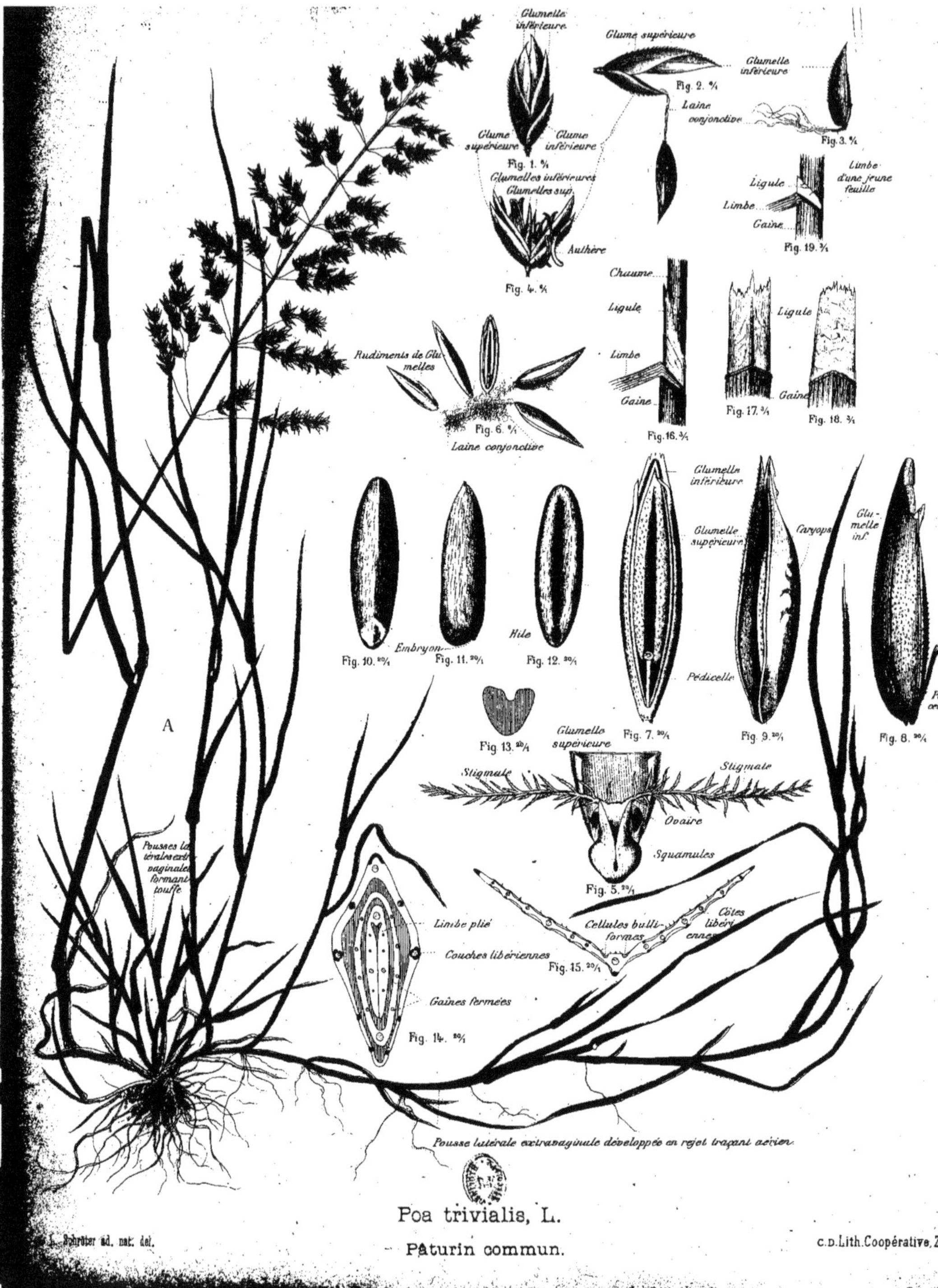

Poa trivialis, L.

Pâturin commun.

L. Schröter ad. nat. del.
C.D. Lith. Coopérative, Z

Explication de la planche 18.

Fig. A. La plante entière, en pleine floraison.
» 1. Epillet avant la floraison.
» 2. Le même, avec la paire supérieure de glumelles enlevée, pour montrer comment celle-ci reste suspendue à la laine conjonctive.
» 3. Une paire de glumelles isolée, l'inférieure portant des poils crépus seulement à sa base.
» 4. Epillet en fleur.
» 5. Fleur avec la glumelle supérieure (coupée en haut), sans les étamines.
» 6. Un groupe de faux-fruits reliés par la laine conjonctive.
» 7. Faux-fruit, vu de la face ventrale (glumelle supérieure) et fortement grossi; en dedans des bords recourbés de la glumelle inférieure, on aperçoit les deux carènes de la glumelle supérieure; le milieu de la glumelle supérieure est comprimé dans le profond sillon du caryopse.
» 8. Faux-fruit, vu de côté (dessiné au moyen de la camera lucida). Les côtes sont saillantes au-dessus de la surface de la glumelle, qui est atténuée en pointe vers le haut.
Fig. 9. Le même, après enlèvement de la glumelle inférieure, vu en biais de la face latérale et de la face ventrale.
» 10. Caryopse, vu de la face dorsale.
» 11. Le même, vu de côté.
» 12. Le même, vu de la face ventrale; il est profondément sillonné, et l'on voit à sa base le hile.
» 13. Coupe transversale du caryopse; en haut, le profond sillon de la face ventrale; en bas, la carène obtuse de la face dorsale.
» 14. Coupe transversale de la gaîne supérieure d'un rejet feuillé. Gaînes fermées, dépourvues de pli vis-à-vis de la nervure médiane.
» 15. Coupe transversale du limbe de l'avant-dernière feuille supérieure d'un rejet feuillé.
» 16-18. Ligule d'une feuille caulinaire.
» 19. Ligule d'un rejet feuillé.

XIX. Le pâturin des alpes.

Poa alpina, Linné.

Le pâturin des alpes ou pâturin alpin porte divers noms suivant les contrées, notamment dans la Suisse allemande, où on l'appelle Wildgras (foin sauvage), Zwiebelgras (foin à bulbes), Romeyen, etc. *Dénomination.*

Avec la fétuque rouge, le Meum Mutellina, Gærtn., et le plantain des alpes (Plantago alpina, L.), il constitue fréquemment la partie essentielle des pâturages alpins. Sa valeur nutritive considérable mérite d'être prise en considération sérieuse pour l'établissement de prés dans les hautes régions. *Valeur agricole.*

Description botanique. Le pâturin des alpes forme des touffes égales et compactes; les pousses latérales sont toutes intra-vaginales et demeurent solidement enveloppées dans les gaînes-mères, qui se conservent longtemps, de telle sorte que la base du chaume acquiert une apparence bulbiforme (toutefois, les gaînes elles-mêmes ne sont pas épaissies à la base). Il n'y a pas d'articles allongés de rhizome, de façon que toutes les pousses de la touffe commune sont serrées les unes contre les autres et se tiennent dans un même plan. Le chaume ne porte qu'un petit nombre de feuilles; il est lisse et atteint de 30 à 45 cm. de hauteur. Les gaînes des feuilles sont longuement fermées (fig. 19); celles de la base du chaume persistent longtemps sous la forme de membranes sèches, enveloppant les faisceaux latéraux de feuilles. Le limbe est court et large, subitement acuminé au sommet; la coupe transversale présente ordinairement 4 ou 5 nervures principales, avec *Description botanique.*

des nervures parallèles intermédiaires plus faibles; les côtes libériennes qui accompagnent les nervures principales sous l'épiderme ne sont nulle part en connexité avec les faisceaux vasculaires (fig. 20). La ligule des feuilles inférieures est réduite à un rebord étroit; celle des feuilles supérieures est lancéolée et aiguë (fig. 21). L'inflorescence consiste en une panicule fortement ramifiée et largement étalée au moment de la floraison. Les épillets se comportent d'une manière variée. Dans la forme ordinaire (fig. A), ils se composent de 4 à 6 fleurs normales, rarement de 8, dont les glumelles inférieures sont élégamment bigarrées de brun, de bronze et de violet. Les glumes sont délicates, faibles, trinerviées et peu rudes sur la carène (fig. 1). Les glumelles inférieures ont 5 nervures et portent de longs poils mous, à leur moitié inférieure, sur le dos et sur les deux nervures marginales; ces poils sont moins abondants à la base des deux nervures médianes (fig. 2). Toutefois, les poils ne présentent pas l'entrelacement arachnoïde et caractéristique de la « laine conjonctive » du Poa pratensis et du Poa trivialis; ils sont plus courts, plus épais et plus rigides, moins fins et non crispés dans toutes les directions. Cette configuration différente des poils est évidemment en connexité avec leurs fonctions spéciales: tandis que, dans le Poa pratensis et le Poa trivialis (et encore dans quelques autres espèces), les faux-fruits s'accrochent aux animaux au moyen de leur laine, les poils des faux-fruits du Poa alpina, qui à la maturité sont rigides et étalés, ont plutôt pour effet de donner plus de prise au vent en augmentant la surface et de favoriser la dispersion par les courants atmosphériques. La glumelle supérieure porte aussi à ses deux extrémités, et notamment vers la base — ce qui est un cas rare chez les graminées — de longs poils rigides (fig. 3). Le faux-fruit a une longueur de 3 à $3^1/_2$ mm.; il est muni, à sa partie inférieure, des poils blancs dont il vient d'être question et pourvu d'un pédicelle tronqué en biais (fig. 4). Le caryopse lui-même, qui a $1^1/_2$ à 2 mm. de long, est trigone, avec la face ventrale un peu concave (fig. 6).

Dans la variété « vivipare », qui se rencontre fréquemment dans les alpes (fig. B, fig. 7 à 18), les épillets de la panicule dégénèrent en jeunes plantes, c'est-à-dire que l'axe ou rachis de l'épillet devient directement l'axe d'une jeune plante, les feuilles, au lieu de se transformer en glumelles, se développant, partiellement du moins, en vraies feuilles *). Plus tard, ces bourgeons ou bulbilles se détachent, poussent des racines et produisent une nouvelle plante. Ce phénomène n'a donc rien à voir avec celui des graines de céréales qui germent dans l'épi, grâce auquel la plantule provient des grains qui sont encore sur pied. Dans notre pâturin vivipare, la jeune plante n'est pas formée par une semence, mais bien par un rameau, un bourgeon de la plante mère; c'est donc un cas de multiplication *asexuelle*, analogue à celle de diverses espèces d'ail au moyen des bulbilles axillaires, de la pomme de terre au moyen des tubercules, etc.

Dans la même panicule, tous les épillets sont ordinairement transformés en feuilles dans une mesure plus ou moins grande, de sorte qu'on peut observer toutes les transitions depuis la glumelle normalement développée jusqu'à la feuille complète. Les glumes ne subissent jamais aucune modification, non plus que la glumelle de la fleur inférieure, qui porte à son aisselle une fleur normale et fertile (fig. 7 à 9). C'est la deuxième glumelle qui présente déjà, le plus souvent, les traces de chloranthie; elle s'allonge anormalement, sa pointe se recourbe dans la direction de l'axe, ses nervures longitudinales augmentent en nombre; il se forme entre elles des nervures transversales, les poils disparaissent; enfin, la gaîne se différencie du limbe, la ligule se développe et la feuille est parfaite (fig. 10—14; voir aussi l'explication de la planche).

La seconde glumelle, plus ou moins transformée ainsi, porte toujours encore une glumelle supérieure et une fleur à son aisselle, il en est rarement de même de la troisième, qui est d'ordinaire entièrement transformée en feuille parfaite; toutefois on rencontre çà et là un bourgeon foliacé à l'aisselle. Le bourgeon se détache le plus souvent avec facilité entre la deuxième feuille de l'épillet et la

---

*) Dans son ouvrage intitulé « les maladies des plantes », A.-B. Frank représente les choses d'une manière un peu différente; il dit, à la page 284, qu'il a constamment trouvé, dans les Poa alpina, laxa et minor, le bulbille à la place d'une fleur; à la fig. 51, il représente un épillet vivipare, avec les rudiments des glumelles supérieures. D'après une communication écrite (dont je suis autorisé à faire usage), Frank, après avoir examiné de nouveau les choses, se range à l'opinion énoncée ci-dessus et déclare que les prétendus rudiments de glumelles de sa fig. 51 sont des radicelles.

troisième, c'est-à-dire au-dessous de sa première feuille : il porte ordinairement en tout 2 ou 3 petites feuilles à la base desquelles se développent très-promptement les radicelles (fig. 11).

Variétés. On distingue cinq variétés, savoir : 1. Poa alpina vivipara, ou pâturin des alpes vivipare, dans lequel les épillets dégénèrent en bourgeons ; 2. Poa alpina vulgaris, semblable au précédent, mais à épillets normalement conformés ; 3. badensis, à feuilles courtes et cartilagineuses au bord ; 4. brevifolia, semblable au précédent ; 5. frigida, forme naine des hautes alpes. Au point de vue agricole, les deux premières seules ont de l'importance. En Suisse, c'est la variété vivipare qui est la plus répandue, et c'est elle aussi que nous avons principalement en vue dans notre description. Variétés.

Habitat, climat, sol, engrais. Le pâturin des alpes est circumpolaire (c'est-à-dire répandu dans la zone arctique tout autour du pôle) et habite la région alpine de la plupart des montagnes et la zone tempérée de l'hémisphère septentrional (Sierra Nevada, Pyrénées, Jura, Vosges, Forêt-Noire, Alpes, Sudètes, Carpathes, Apennins, Oural, Caucase, Altaï, Himalaya, Montagnes-Rocheuses). Distribution géographique.

La forme vivipare est très-commune dans les pâturages des alpes et de leurs contreforts dont le sol est frais et riche en humus, sur les pentes rocheuses, dans les clairières des forêts des régions élevées et au bord des chemins de montagne. Stations.

Cette graminée monte jusqu'à la région des hautes alpes : Col du Stelvio 2580 m, Torrenthorn 2400—2700 m, Col de Muretto 1800—2100 m, Tschirtschen 1350 m, alpes bavaroises 1200—2230 m (Auvergne 1886 m, Pyrénées 2000 m, Vignemal 3000 m, Caucase 3000 m). La forme ordinaire et la forme vivipare descendent avec les torrents et les rivières jusque dans les vallées et dans la plaine (Wolfsschlucht dans la vallée de la Töss 750 m, Wimmis 690 m, Nettstall 443 m, Weinfelden sur la Thur 430 m). Limites d'altitude.

Pour prospérer, la plante exige une atmosphère humide et une exposition un peu protégée contre le gel. C'est le cas dans les alpes, grâce à la couche de neige permanente qui protège la plante en hiver. Elle ne peut pas vivre dans les endroits qui sont fortement exposés au soleil en été. Climat.

C'est dans les terrains riches en humus, frais et surtout calcaires et légers, que le pâturin des alpes réussit le mieux, alors même que la couche végétale n'est pas épaisse. Sol.

D'après nos analyses, 1000 kg. de foin enlèvent au sol : Epuisement du sol.

Azote	$16._9$ kg.	Chaux	$8._1$ kg.
Acide phosphorique	$14._1$ »	Magnésie	$4._8$ »
Potasse	$36._0$ »	Acide sulfurique	$5._0$ »
Soude	$2._3$ »	» silicique	$43._1$ »

Cette graminée préfère un sol riche en engrais ancien à une fumure récente. Pour la mettre en état de résister à l'action desséchante de l'insolation, il y a avantage, dans les contrées chaudes comme par exemple le Valais, à la soumettre à l'irrigation jusque dans les hautes régions. Engrais.

Végétation, rendement et valeur fourragère. Le pâturin des alpes forme une touffe compacte, avec un grand nombre de larges feuilles radicales, enveloppées des épaisses gaînes communes ; de cette touffe naissent un petit nombre de chaumes hauts de 25 à 40 cm., dont les épillets, dans la forme vivipare commune chez nous, ne fleurissent pas et forment des bourgeons foliacés, qui, dans les stations humides, produisent promptement de petites plantes, de sorte que le chaume s'infléchit peu à peu par la pesanteur propre de la panicule et que celle-ci finit par arriver au niveau du sol. Les bourgeons s'enracinent alors sur le terrain humide, se séparent de la plante mère et forment une plante indépendante. Toutefois il arrive fréquemment que les Végétation.

bourgeons se détachent et s'enracinent pendant que le chaume est encore dressé. La première année, les jeunes plantes restent toujours petites et ne poussent que peu de feuilles; ce n'est que la seconde qu'elles produisent des chaumes et des bourgeons, qui peuvent de même donner de la même manière une nouvelle génération, si la dent du bétail ne les détruit pas, ce qui est ordinairement le cas dans les localités où les bêtes au pâturage peuvent pénétrer, attendu que ces bourgeons, qui sont tendres, constituent une nourriture très-savoureuse et très-riche en principes nutritifs.

Développement.

Récolte.

Sinclair a obtenu, avec la forme ordinaire séminifère, 38 quintaux de foin par hectare, soit $10^1/_2$ quintaux par arpent. Le rendement est donc faible.

Valeur fourragère.

En revanche, ce fourrage est très-riche en matières nutritives, ainsi que le prouve l'analyse suivante du foin, qui a été cultivé dans les champs d'essais de la station de contrôle des semences, à Zurich.

100 kg. de foin renferment $73._1$% de substances organiques, savoir:

Substances azotées.	$10._6$ %
(Azote dans l'albumine $1._{29}$%, dans le suc exempt d'albumine $0._{404}$%)	
Graisse	$3._0$ »
Fibre végétale	$22._6$ »
Matières extractives non azotées	$36._9$ »

La valeur nutritive est donc plus considérable que celle d'un bon foin, et la plante croissant dans les alpes est probablement plus riche encore en principes nutritifs.

Récolte des semences.

Semences et semis. La semence de la forme ordinaire et normale mûrit de la fin de juin au milieu de juillet; le mieux est de couper la partie supérieure du chaume et de laisser la panicule finir de mûrir; du reste on la traite comme celle du pâturin des prés.

Multiplication par bourgeons.

Si l'on veut propager la forme vivipare, on n'a besoin que d'enlever les bourgeons à la main et de les répandre sur le sol. Le 2 août 1882, j'ai ensemencé, dans mon champ d'essais, un carré de 4 m² avec une poignée de ces bourgeons, qui se développent promptement. Dès la fin d'avril suivant, les plantes ont poussé des chaumes et ont pu être fauchées le 26 mai; elles ont donné une seconde récolte la même année. Le sol était presque partout complètement couvert. On peut de même propager cette graminée dans les montagnes, sans avoir aucune dépense quelconque à supporter pour les graines, et obtenir cependant un bel et bon pâturage.

Toutefois, ce mode de reproduction n'est sûr que dans les régions élevées et jouissant d'une atmosphère humide, mais là on peut l'employer avantageusement depuis le commencement de mai jusqu'au milieu de septembre.

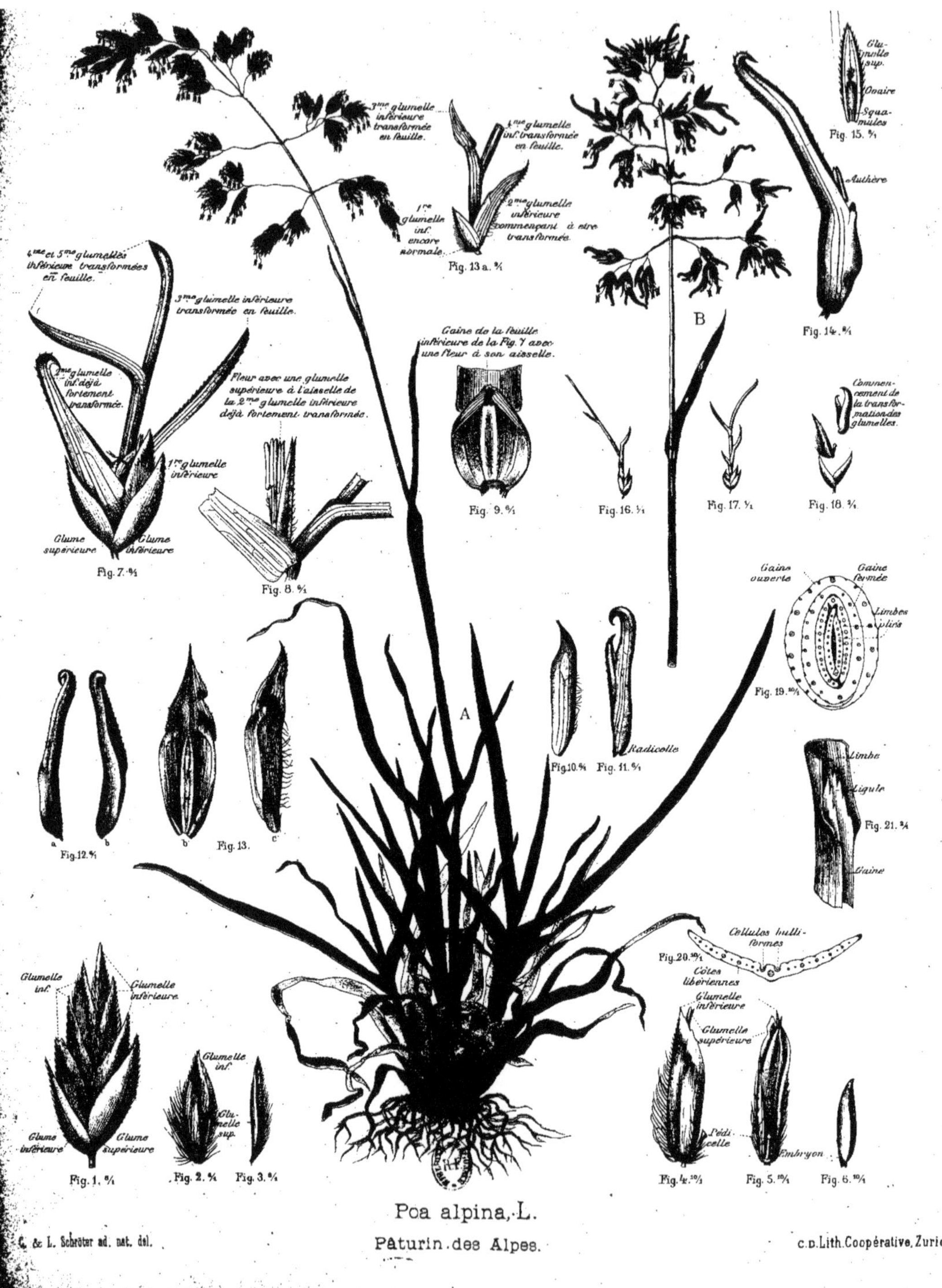

Poa alpina, L.

Pâturin des Alpes.

C. & L. Schröter ad. nat. del. c.d.Lith.Coopérative, Zurich

Explication de la planche 19.

(Fig. A et B, 16 et 17 de grandeur naturelle; fig. 1 à 15 grossies 6 fois; fig. 13a, 18 et 21, 2 fois; fig. 19 et 20, 10 fois).

Fig. A. La plante entière, variété ordinaire (P. a. var. vulgaris), en pleine floraison.

» B. Panicule de la variété vivipare (P. a. var. vivipara).

» 1. Epillet de la variété ordinaire.

» 2. Une paire de glumelles de la même.

» 3. Glumelle supérieure isolée.

» 4. Faux-fruit, vu de côté.

» 5. Faux-fruit, vu de la face ventrale (côté de la glumelle supérieure).

» 6. Caryopse.

» 7. Epillet vivipare: les deux glumes et la première glumelle inférieure normales; la seconde glumelle inférieure commence déjà à se transformer en feuille; au lieu de la 3me, de la 4me et de la 5me, on voit les feuilles bien développées du bourgeon foliacé, qui cache dans son intérieur un bourgeon terminal et d'autres petites feuilles vertes.

» 8. Partie inférieure du même épillet, après qu'on en a enlevé les glumes et la première glumelle inférieure; la seconde glumelle inférieure (à gauche) est recourbée et coupée pour montrer la glumelle supérieure et la fleur qui sont situées à l'aisselle de cette glumelle inférieure.

» 9. Première feuille développée du bourgeon du même épillet (correspondant à la 3me glumelle inférieure), avec la gaîne ouverte, pour montrer la glumelle supérieure, qui est encore normale (en arrière se trouvait une fleur rudimentaire!).

» 10—14. Transitions successives entre la glumelle inférieure et la feuille développée.

Fig. 10. Allongement de la glumelle, qui commence à se recourber à son sommet. Apparition de nervures transversales entre les nervures longitudinales, et atrophie des poils.

» 11. Courbure de la pointe plus prononcée, disparition des poils; à la base pousse une radicelle (glumelles supérieures d'un épillet légèrement vivipare).

» 12. Commencement de la séparation entre la gaîne et le limbe, ici seulement à l'un des bords de la feuille; en *a* à gauche et en *b* à droite, on voit le commencement de la formation de la ligule.

» 13 *a*. Epillet vivipare (sans les glumes); la 2me glumelle inférieure présente déjà une distinction visible entre la gaîne et le limbe, toutefois avec une pubescence forte encore sur le dos.

» 13 *b* et *c*. La 2me glumelle inférieure du même épillet, fortement grossie (elle porte une fleur à son aisselle).

» 14. Une glumelle inférieure déjà déformée et se rapprochant beaucoup d'une feuille, avec une glumelle supérieure et une fleur à son aisselle.

» 15. Une glumelle supérieure et une fleur (sans étamines) de l'aisselle de la glumelle inférieure transformée en feuille et représentée fig. 14.

» 16 et 17. Epillets vivipares, grandeur naturelle.

» 18. Epillet commençant à se transformer en bourgeon.

» 19. Coupe transversale d'un rejet foliacé; la seconde gaîne (en partant de l'extérieur) fermée.

» 20. Coupe transversale du limbe d'une feuille.

» 21. Ligule d'une feuille caulinaire.

XX. La fétuque ovine.

Festuca ovina, Hackel.

Dénomination.

Sous le nom de fétuque ovine (Festuca ovina, Hackel), nous comprenons, d'après Hackel, toutes les fétuques à végétation *cespiteuse compacte*, à pousses latérales toutes intra-vaginales, à feuilles pliées-*sétacées* sur toute leur longueur et à 3 à 7 nervures, à *ligules biauriculées*, à gaînes non sillonnées transversalement ou en long, à ovaire glabre.

Les formes indigènes bien distinctes sont les suivantes: *)

1. La vraie fétuque ovine, F. ov. L. var. vulgaris, Koch
2. La fétuque ovine durette, F. ov. L. var. duriuscula, Koch
3. La fétuque ovine à feuilles minces, F. ov. L. var. tenuifolia, Sibthorp

} Fest. ovina L. (Fest. ov. subsp. eu-ovina, Hack.)

4. La fétuque ovine du Valais, F. sulcata, Hack. var. valesiaca, Schleicher
5. La fétuque ovine striée, F. sulc. var. genuina, Hack.

} Fest. sulcata, Hack. F. ov. subsp. sulcata, Hack. Monogr.

6. La fétuque ovine des chamois, Fest. rupicaprina, Hack. (Fest. ov. subsp. frigida, var. rupic., Hack. Mon.)
7. La fétuque ovine de Haller, Fest. Halleri, Hack. (Fest. ov. subsp. lævis, var. Halleri, Hack. Monogr.)
8. La fétuque ovine des alpes, Fest. alpina, Suter (Fest. ov. subsp. alpina, Hack. Monogr.)

Au point de vue agricole, il n'y a que les deux premières sous-espèces, la vraie fétuque ovine et la fétuque ovine durette, qui aient une importance sérieuse, et la description de la culture se rapportera principalement à ces deux formes, tandis que la description botanique et la planche auront pour objet la vraie fétuque ovine, c'est-à-dire la sous-variété désignée par Hackel sous le nom de genuina. **)

La fétuque ovine durette ne se distingue principalement de la vraie fétuque ovine, sous le rapport agricole, que par sa croissance un peu plus robuste. Pour être plus concis, nous les désignerons simplement toutes deux sous le nom de fétuque ovine.

Valeur agricole.

Cette graminée est, à proprement parler, une herbe insignifiante, mais elle n'en a pas moins une grande importance au point de vue agricole, attendu qu'elle réussit bien dans les terrains maigres et pauvres, où les plantes meilleures ne peuvent plus prospérer, qu'elle affermit le terrain par ses fortes racines et qu'elle l'améliore par les résidus de tiges et de racines. Elle n'est pas recommandable pour les bons terrains,

---

*) A l'exemple de Nyman (conspectus floræ europææ) et de Gremli (Neue Beiträge zur Flora der Schweiz, 3me fascicule), nous avons ici énuméré comme espèces les sous-espèces eu-ovina, sulcata et alpina de Hackel. Si nous avons, d'une manière qui n'est pas parfaitement conséquente, procédé de même (comme Gremli l. c.) pour les variétés rupicaprina et Halleri de Hackel, c'est par des motifs pratiques tirés du peu d'étendue de notre territoire.

**) M. le professeur *Hackel* a eu l'extrême obligeance de déterminer, d'après des exemplaires vivants qui lui ont été envoyés, toutes les espèces de Festuca de notre champ d'essais, et nous lui exprimons ici notre vive gratitude.

ou du moins ne doit-elle s'y trouver qu'en petite quantité; les plantes fourragères plus précieuses au point de vue de la qualité doivent lui être préférées sur ces terrains. Ce n'est que lorsque le sol est tellement sec et maigre qu'aucune autre plante fourragère ne peut y croître, dit *Sprengel*, qu'on y sème la fétuque ovine. Toutefois, elle ne sert que comme pâturage, parce que, sur les terrains maigres, elle ne devient pas assez haute pour pouvoir se faucher. Le gros bétail ne l'aime pas, mais les moutons la mangent assez volontiers; cependant, s'ils ont d'autres plantes à leur disposition, ils la dédaignent; ce n'est que pressés par la faim que les vaches peuvent être contraintes à s'en nourrir, car elle est rude et dure dès sa jeunesse. Elle ne peut donc servir qu'à garnir les mauvais terrains, et cela seulement comme pâturage; dans les bons terrains, elle devient un peu plus grande et peut être utilisée comme herbe basse en mélange avec d'autres graminées et comme herbe fauchable en mélange avec les trèfles.

Histoire.

La culture de la fétuque ovine est en tout cas déjà ancienne dans les terrains sablonneux de l'Allemagne du nord. *Mauke* la recommande déjà en 1818 et dit: « Cette graminée est la plus précieuse de toutes celles qui servent de nourriture aux moutons, et l'élevage rationnel des moutons repose principalement sur sa connaissance, sa propagation et son usage. Les moutons la préfèrent à toutes les graminées, et ils prospèrent surtout dans les endroits où elle croît en abondance. On a fait l'expérience que, sur les coteaux où, à côté de la fétuque ovine, croissent d'autres graminées hautes, ils ne touchent pas celles-ci et recherchent la fétuque ovine, qui les engraisse et donne de la finesse à leur laine. Si donc on veut améliorer l'élevage des moutons, il faut ensemencer tous les endroits secs avec cette plante, et cela d'autant plus que ceux-ci ne peuvent servir à rien de mieux. » Bien que ces éloges, d'après ce qui a été dit plus haut, aient besoin de quelque restriction, ils prouvent néanmoins que l'on attribuait déjà alors une grande valeur à cette plante.

Description botanique.

Description botanique. La vraie fétuque ovine forme un gazon compacte et ferme; toutes les pousses latérales sont intra-vaginales et solidement encastrées dans les gaînes-mères, qui persistent longtemps et ne se divisent pas en fibres (fig. A). Les chaumes, qui naissent ordinairement en grand nombre de chaque gazon, sont très-fins, de 20 à 60 cm. de haut, à deux nœuds, légèrement anguleux et le plus souvent un peu rudes sous la panicule. Les feuilles ont des gaînes un peu rudes, fermées seulement à la base et ouvertes du reste (fig. 9). Le limbe est plié dans la préfoliation et reste, aussi plus tard, constamment plié-sétacé (fig. 10); il a un diamètre de $0._4$ à $0._5$ mm, il est débile et d'un vert gai. Sous l'épiderme se trouve un anneau continu (c'est-à-dire paraissant tel à la coupe transversale) de cellules fortement épaissies (cellules sclérenchymatiques, fig. 10, montrant sous l'épiderme l'anneau coloré en noir); les feuilles sèches paraissent cylindriques aussi, avec les côtés bombés et dépourvus de sillons. (Si l'anneau sclérenchymatique est interrompu, comme c'est le cas dans la fétuque sillonnée, la feuille se contracte entre les faisceaux sclérenchymatiques par la dessiccation et paraît alors striée.) L'inflorescence consiste en une panicule étalée, nettement unilatérale, à contour allongé, de 2 à 12 cm de long, avec un rachis rude, ainsi que les rameaux de la panicule; le rameau inférieur est 2 à 3 fois plus court que la panicule entière.

L'épillet (fig. 1) renferme 3 ou 4 fleurs, il est elliptique ou allongé-elliptique, bigarré de vert et de violet (vert pâle à l'ombre seulement). Les glumes sont étroitement lancéolées, l'inférieure (fig. 1 et 2) à une seule nervure, la supérieure (fig. 1 et 2) à 3 nervures, toutes deux brièvement ciliées sur la carène. Les glumelles inférieures (fig. 1 et 2) sont à 5 nervures, aristées, le plus souvent rudes au-dessous du sommet; les deux glumelles supérieures ont deux carènes ciliées.

La fleur consiste en deux squamules ovoïdes et bidentées, de la même longueur que l'ovaire, en 3 étamines et en 1 style glabre et obové, à rameaux exactement terminaux.

Le mode de floraison est parfaitement le même que chez le Lolium perenne.

A la maturité, les paires de glumelles qui enveloppent le caryopse commencent à s'écarter de l'axe (fig. 2), pour se détacher ensuite de la manière habituelle, comme faux-fruit, avec un « pédicelle » placé en avant de la glumelle supérieure. Les faux-fruits (fig. 3—5) ont de 3 à 4 mm de long sans l'arête, de 4 à 5 $^1/_2$ mm avec l'arête; le pédicelle, qui est faiblement creusé à sa surface supérieure tronquée en biais, atteint environ le quart de la longueur du faux-fruit (sans l'arête); il est couvert de soies raides dirigées en avant (fig. 3 et 4). Le caryopse (fig. 6 à 8) lui-même a environ 2 mm de long; il est comprimé, coloré en noir-brun, légèrement concave sur la face ventrale (fig. 6) et porte un hile occupant presque toute sa longueur; il est faiblement convexe sur la face dorsale (fig. 7).

Variétés. **Variétés.** Les sous-espèces mentionnées plus haut se distinguent par les caractères suivants.

1. La *vraie fétuque ovine*, appelée aussi fétuque des moutons, vient d'être décrite en détail.

2. La *fétuque ovine durette* a des chaumes plus robustes, des épillets plus gros et des feuilles plus épaisses que la variété précédente. Nous avons aussi reçu sous le nom de *duriuscula* une sorte un peu plus vigoureuse de la *vulgaris; Hackel* l'a déterminée comme étant une *Festuca ovina euovina vulgaris firmula*, voisine de la *duriuscula*.

3. La *fétuque ovine à feuilles minces* (var. *capillata*, Lam., *paludosa*, Gaud., *tenuifolia*, Sibth. — on la désigne sous ce dernier nom dans le commerce) se distingue par sa stature moins élevée, ses feuilles très-fines et presque capillaires et ses épillets non aristés. Cette variété n'a aucune valeur au point de vue agricole; la semence qu'on rencontre dans le commerce ne sert qu'à produire des gazons d'ornement dans les endroits ombragés.

4. La *fétuque ovine du Valais*. L'anneau de cellules fortement épaissies sous l'épiderme de la feuille est interrompu (et non continu comme dans les trois variétés précédentes); aussi la feuille acquiert-elle, par la dessiccation, des sillons longitudinaux sur le côté. La plante est pruineuse, d'un vert bleuâtre (recouverte d'un enduit céracé qui s'enlève par le frottement). On la rencontre dans le bas Valais et dans ses vallées latérales jusqu'à Brigue.

5. La *fétuque ovine striée* ressemble à la précédente, mais elle n'est pas pruineuse. On ne l'a trouvée jusqu'ici que près de Pontresina dans l'Engadine.

6. La *fétuque ovine des chamois* se distingue de toutes les précédentes par ses gaînes fermées au moins jusqu'au milieu, et des suivantes par ses feuilles à cinq nervures et par ses épillets pruineux et brièvement aristés. On la rencontre sur le Pilate, au col de l'Albula et au Frohnalpstock.

7. La *fétuque ovine de Haller* ressemble à la précédente par les gaînes des feuilles, mais elle s'en distingue par ses feuilles à 7 nervures et par ses épillets non pruineux et longuement aristés. Elle est surtout répandue dans la chaîne méridionale des alpes.

8. La *fétuque ovine des alpes* se distingue de toutes les autres variétés par la petitesse de ses anthères (1 mm de long, 2—3 mm chez les autres). Elle croît dans nos hautes alpes (Engadine, Gemmi, Rawyl, Bagnes, Bex, Château d'Oex, Faulhorn, etc.).

Distribution géographique. **Habitat, climat, sol, engrais.** La *vraie fétuque ovine* croît spontanément dans toute l'Europe jusqu'en Islande et au Spitzberg, dans l'Asie subarctique et orientale, au Japon, dans l'Himalaya et dans l'Amérique anglaise du nord; elle est introduite dans le reste de l'Amérique du nord.

La *fétuque ovine durette* est commune dans la plus grande partie de l'Europe occidentale et méridionale; elle est plus rare dans l'Europe centrale et très-rare dans l'Europe septentrionale et orientale (elle manque en Grèce et en Sicile). Elle se rencontre en Asie dans le Caucase, en Arménie, dans l'Altaï et en Mongolie, et en outre dans la Nouvelle Hollande et dans la Nouvelle Zélande. Toutefois, comme les auteurs ont décrit diverses formes sous le nom de *duriuscula*, ces dernières données ne doivent être accueillies que sous réserve (*Hackel*).

Stations. Les fétuques ovines sont abondantes dans les prés secs, dans les endroits sablonneux, au bord des champs et des chemins, sur les collines sablonneuses, dans les montagnes, sur les rochers et dans d'autres stations sèches, depuis la plaine jusque dans les alpes; elles indiquent toujours un terrain sec.

Limites d'altitude. D'après les données que nous possédons, la vraie fétuque ovine monte dans les alpes jusqu'à une altitude de 1800 m (Matt 856 m, Raffien sur la route de Splügen 1050—1200 m, St-Moritz environ 1800 m). La fétuque ovine durette, jusqu'à 2100 m (sommet du Camoghè 1200—1500 m, Bevers et Celerina 1750 m, St-Moritz 1800 m, Col de Foscagna 2100 m, Maloja 1800—2100 m, dans cette dernière station sous la forme *lævigata*). La fétuque ovine à feuilles minces se rencontre encore à Faido (721 m), mais elle monte en tout cas plus haut.

Climat.

La fétuque ovine est absolument insensible à la température et aux influences climatériques; en particulier, elle supporte un haut degré de sécheresse, ce qui résulte déjà du fait qu'elle est très-commune dans les pays de l'Europe méridionale, au moment de la période régulière des grandes sécheresses. Celles-ci en arrêtent sans doute la végétation, mais la plante se ranime en automne lorsque revient l'humidité.

Sol.

Cette graminée réussit dans tous les terrains, sauf ceux qui sont humides et acides; toutefois, on ne peut la cultiver avantageusement que dans les terrains légers ou secs, et notamment dans ceux qui sont pauvres, peu profonds, sablonneux ou siliceux, mais elle y est une vraie bonne aubaine.

Epuisement du sol.

D'après nos analyses, 1000 kg. de foin de la vraie fétuque ovine enlèvent au sol:

Azote	11.7 kg.	Magnésie	0.8 kg.
Acide phosphorique	4.8 »	Chaux	2.5 »
Potasse	16.8 »	Acide silicique	37.3 »
Soude	0.2 »	» sulfurique	1.7 »

D'après *Hruschauer*, la vraie fétuque ovine (variété glauque), provenant d'un sol calcaire, renfermait:

Acide phosphorique	3.0 kg.	Chaux	6.5 kg.
Potasse	4.7 »	Acide silicique	6.0 »
Soude	3.5 »	» sulfurique	1.2 »
Magnésie	2.3 kg.		

Engrais.

Sur les sols sablonneux, on sème avantageusement la fétuque ovine après une récolte sarclée. Dès que le terrain peut être irrigué, elle ne convient plus, alors même que les autres propriétés du sol lui seraient favorables, parce que d'autres graminées peuvent y prospérer.

Végétation.

Végétation, rendement et valeur fourragère. La fétuque ovine forme une touffe épaisse et compacte, d'où sortent de nombreux chaumes peu feuillés, hauts de 20 à 60 cm., et des feuilles radicales coriaces. Les diverses touffes, qui sont serrées les unes contre les autres, sont un peu saillantes au-dessus du sol, et cela d'autant plus que la plante est plus âgée, ce qui fait que l'herbe ne se fauche que difficilement. Aussi ne constitue-t-elle jamais, à elle seule, un gazon continu; elle présente toujours plus ou moins de lacunes, et il y a toujours des espaces vides entre les diverses touffes.

Développement.

L'année du semis, la fétuque ovine ne se développe que parcimonieusement et ne donne qu'un produit faible. Ce n'est que la seconde et la troisième année qu'on en obtient le rendement maximum, puis ce rendement diminue; aussi, soit qu'elle soit semée pure soit qu'elle ne fasse que dominer dans les mélanges, doit-on l'enfouir par la charrue au bout de quatre ans. Dès le commencement d'avril, elle se met à verdir; à la fin de mai ou au commencement de juin, elle est en floraison. Toutefois, il faut la faire pâturer de bonne heure, attendu que les feuilles deviennent très-promptement dures et ne sont plus, dans cet état, mangées par les moutons. A l'entrée de la saison sèche, la végétation s'arrête pour reprendre à la fin de l'été ou en automne, avec le retour de l'humidité. Aussi longtemps que la température le permet, on peut donc s'en servir comme pâturage jusqu'en hiver.

Récolte.

Vianne a obtenu 95 quintaux de foin par hectare avec la fétuque durette, tandis que l'intendant *Bürger* n'évalue le produit de la vraie fétuque ovine qu'à 29 quintaux par hectare. En tout cas, le rendement est très-faible sur les terrains pauvres. D'après *Vianne*, 100 kg. d'herbe donnent 38 kg. de foin ; d'après *Block*, de 35 à 40 kg. La plante perd donc relativement peu d'humidité par la dessiccation.

Valeur fourragère.

D'après nos analyses, 100 kg. de foin de la vraie fétuque ovine renferment 78.2 % de substances organiques, savoir :

Substances azotées (N × 6.25)	7.4 %
(Azote dans l'albumine 0.739 %, dans le suc exempt d'albumine 0.436 %).	
Graisse	3.0 »
Fibre végétale	31.0 »
Matières extractives non azotées	36.2 »

D'après *Collier*, le foin renferme 81.7 % de substances organiques, réparties comme suit :

Substances azotées (N × 6.25)	5.6 %
Graisse	3.7 »
Fibre végétale et matières extractives non azotées . .	72.4 »

Quant à la fétuque durette, elle contient, d'après *Way*, 81.4 % de substances organiques, soit :

Substances azotées	10.4 %
Graisse	2.9 »
Fibre végétale	33.3 »
Matières extractives non azotées	34.8 »

Le foin de cette plante est donc plus pauvre en albumine que le foin de pré de qualité moyenne, d'après les deux premières analyses ; d'après la troisième, il serait plus riche. La proportion de graisse est plus forte dans les trois cas, ainsi que celle de la fibre végétale, tandis que la proportion des matières extractives est plus faible.

Récolte des semences.

Récolte, impuretés et falsification des semences. La fétuque ovine donne beaucoup de graine, et celle-ci est facile à recueillir, de sorte qu'elle est relativement à bon marché dans le commerce. La maturité à lieu à la fin de juin ou au commencement de juillet. Il ne faut pas laisser trop mûrir la semence, parce qu'il s'en perd beaucoup qui tombe sur le sol ; on coupe le sommet des chaumes lorsque le grain est devenu coriace et que la semence s'enlève facilement. Pour la dessiccation, on procède comme pour le ray-grass d'Angleterre, ou bien l'on fait sécher les plantes au grenier, sur un échafaudage. Elle se bat très-facilement. On récolte beaucoup de semence, notamment de la fétuque durette, sur les coteaux, dans les endroits stériles, au bord des chemins, etc., où la plante croît sauvage.

Impuretés et falsifications.

La plante est fréquemment mélangée de canche flexueuse, *Aira flexuosa*, L. (fig. 46), qui s'en distingue sans la moindre difficulté. On y mêle fréquemment aussi, par fraude, des graines de la molinie bleue, *Molinia cœrulea*, Mœnch (fig. 47), qui se reconnaît notamment par l'absence d'aigrettes, par le plus d'épaisseur de la glumelle intérieure, qui est aussi plus saillante. La falsification au moyen de la vulpie bromoïde, *Vulpia bromoides* (fig. 48), est plus rare ; la semence de cette dernière est plus foncée, très-allongée, mince, et la glumelle s'atténue insensiblement en longue arête.

Qualité.

Semences et semis. Une bonne semence du commerce doit renfermer 90 % de graine pure, dont 50 % au moins douées de la faculté germinative. Toutefois, ces chiffres ne sont que trop fréquemment au-dessus de la réalité. Un kilogramme de semence pure renferme en moyenne 1,500,000 grains ; 1 hectolitre de semence pèse de

13 à 18 kilogrammes, ou en moyenne de 15 à 16 kilogrammes. La quantité moyenne de graine nécessaire est de 32 kilos par hectare d'une semence de 45 %, soit 1440 centièmes de kilo, ou de 12 kilos par arpent = 540 centièmes de kilo. Quantité.

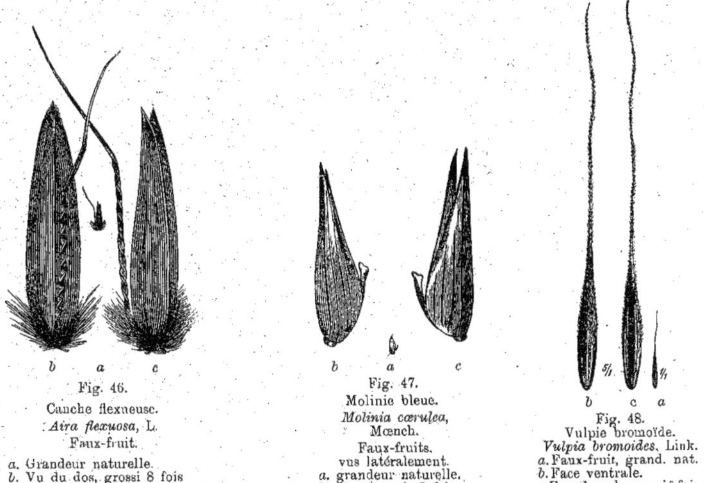

Fig. 46.
Canche flexueuse.
Aira flexuosa, L.
Faux-fruit.
a. Grandeur naturelle.
b. Vu du dos, grossi 8 fois
c. Vu du côté, grossi 8 fois.

Fig. 47.
Molinie bleue.
Molinia cærulea, Mœnch.
Faux-fruits, vus latéralement.
a. grandeur naturelle.
b. et *c.* grossis 8 fois

Fig. 48.
Vulpie bromoïde.
Vulpia bromoides, Link.
a. Faux-fruit, grand. nat.
b. Face ventrale.
c. Face dorsale, grossi 5 fois.

Mélanges. On ne doit jamais semer la fétuque ovine seule, même dans les terrains tout à fait mauvais; pour obtenir un gazon compacte, il faut y mélanger d'autres plantes fourragères, par exemple du vulnéraire dans les terrains tout à fait médiocres, du trèfle blanc, du pâturin des prés et peut-être aussi du timothy dans ceux qui valent un peu mieux. Dans ces sortes de terrains, le mieux est de la cultiver comme pâturage temporaire pour une durée de 4 ans. En prairies fauchables, on l'emploie aussi bien comme pré temporaire que comme pré permanent, mais toujours en faible proportion et comme herbe basse.

Semis. Lorsqu'on la sème seule ou qu'elle domine dans le mélange, le plus avantageux est de la cultiver après la pomme de terre et de la semer en automne parmi le seigle. Une fois ce dernier récolté, il ne faut pas faire pâturer la fétuque ovine l'année suivante; on doit d'abord la laisser se fortifier, parce qu'autrement les jeunes plantes seraient arrachées par les moutons. Il est bon de passer le champ au rouleau en automne, après la récolte du seigle, et aussi les années suivantes au printemps, afin que les pieds soient plus unis et que les plantes que l'hiver aurait fait saillir de terre soient renfoncées dans le sol. La fétuque ovine est bonne dans les terrains sablonneux pour préparer le sol à la culture du seigle. On pourrait suivre l'assolement suivant: 1. Seigle; 2. Pommes de terre, avec engrais; 3. Seigle; 4. à 7. Fétuque ovine.

Fétuque améthyste.

Une espèce voisine des fétuques ovines est la fétuque améthyste, ***Festuca amethystina***, L., qui se distingue de toutes les autres espèces du genre par le sillon profond et étroit de la moitié fermée des gaînes et par l'ovaire velu. Les pousses latérales portent des feuilles extrêmement longues et fines, capillaires et d'un vert bleuâtre (striées à l'état sec), et les épillets ne sont pas aristés. C'est une plante des collines sèches et des clairières des forêts de pin; on la trouve sur l'Uetliberg et sur l'Albis, près de Bex et de Genève, sur la route de l'Axen, etc.

Explication de la planche 20.

Fig. A. La plante entière, avec deux panicules, l'une encore contractée et l'autre en floraison et étalée.
» 1. Epillet avant la floraison.
» 2. Epillet en fruit.
» 3. Faux-fruit, vu de la face ventrale.
» 4. Le même, en profil.
» 5. Le même, vu de la face dorsale.
Fig. 6. Caryopse, vu du côté du sillon (face ventrale).
» 7. Le même, vu de la face dorsale.
» 8. Le même, vu de profil.
» 9. Coupe transversale d'une pousse foliacée, avec la gaîne (ouverte) et un limbe jeune.
» 10. Coupe transversale d'un limbe de feuille développé (d'après Hackel).
» 11. Ligule (biauriculée).

La fétuque rouge.

Festuca rubra, Hackel.

Nous comprenons sous ce nom, avec *Hackel*, les fétuques dépourvues de renflement à la base des gaînes et présentant une croissance stolonifère ou des gazons lâches, rarement denses, avec rejets entièrement ou partiellement *extra-vaginaux*, préfoliation condupliquée, limbe des feuilles réduplicatif ou ouvert (ordinairement plissé dans les feuilles des pousses latérales et ouvert dans les feuilles caulinaires, plus rarement tous plissés ou tous ouverts), ligule des feuilles caulinaires *biauriculée*, gaînes des feuilles fermées, ovaire glabre ou velu.*)

Nous pouvons distinguer, dans notre pays, les espèces suivantes, qui appartiennent au type de la fétuque rouge.**)

1) La fétuque rouge traçante, *Festuca rubra*, Linné (*Festuca rubra, subspecies eu-rubra, var. genuina*, Hackel).

2) La fétuque rouge gazonnante, *Festuca fallax*, Thuill. (*Festuca rubra, subspecies eu-rubra, var. fallax****), Hackel).

3) La fétuque rouge hétérophylle, *Festuca heterophylla*, Lamarck. (*Festuca rubra, subspecies heterophylla*, Hackel.)

4) La fétuque rouge des alpes, *Festuca violacea*, Hackel. (*Festuca rubra, subspecies violacea*, Hackel Monogr.)

*) La seule différence ***essentielle*** entre les fétuques rouges et les fétuques ovines consiste dans la présence de pousses latérales ***extra-vaginales*** dans les premières.

**) Pour les modifications apportées par nous à la nomenclature de *Hackel*, voir l'article de la fétuque ovine.

***) *fallax* = trompeur; ce nom a été donné à cette variété, parce que les gazons épais qu'elle forme rappellent la fétuque ovine.

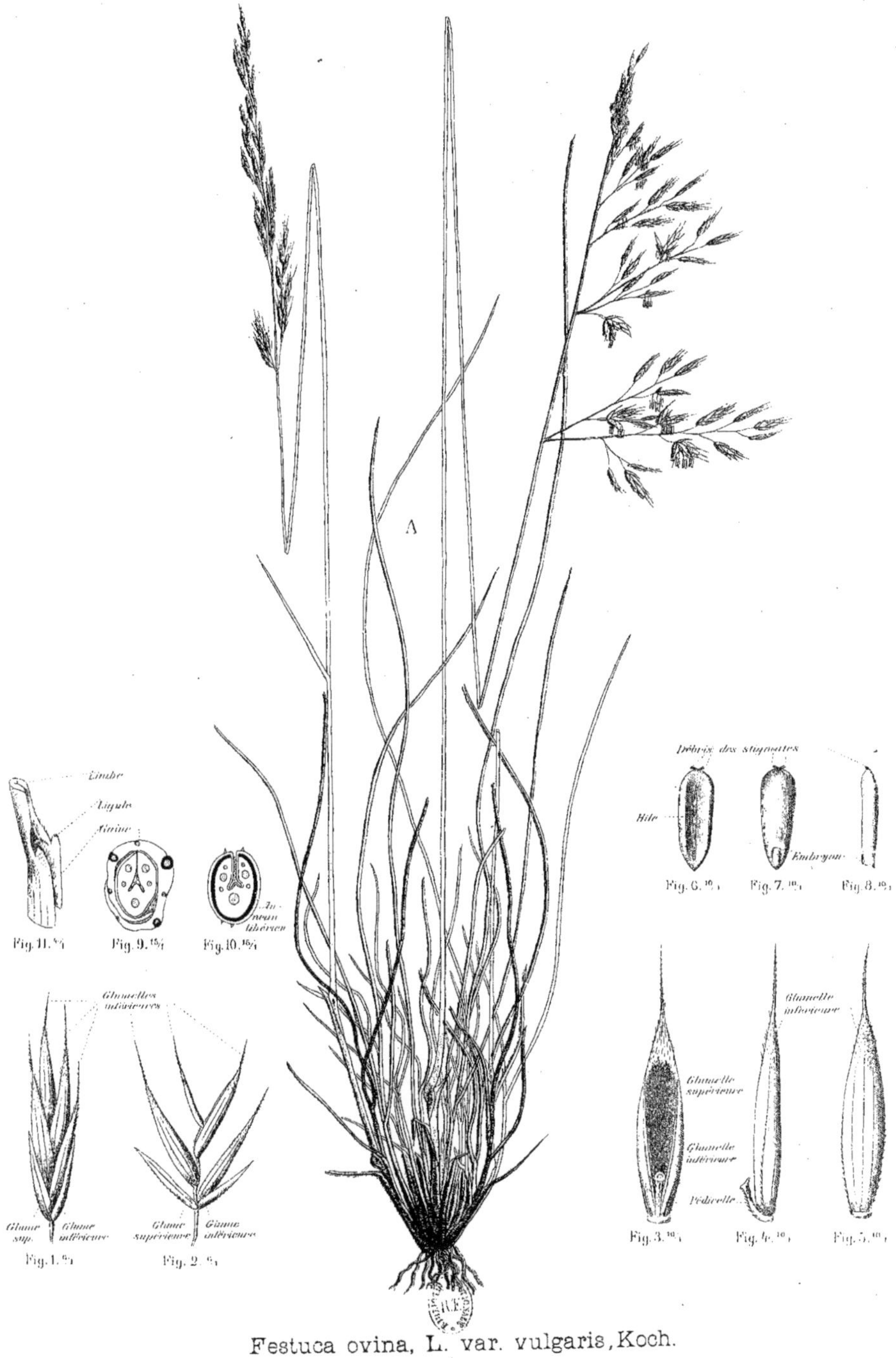

A

Débris des stigmates

Hile

Embryon

Fig. 6. 10/1 Fig. 7. 10/1 Fig. 8. 10/1

Limbe

Ligule

Gaine

Anneau libérien

Fig. 11. 6/1 Fig. 9. 15/1 Fig. 10. 15/1

Glumelles inférieures

Glume sup. Glume inférieure

Fig. 1. 6/1

Glume supérieure Glume inférieure

Fig. 2. 6/1

Glumelle inférieure

Glumelle supérieure

Glumelle inférieure

Pédicelle

Fig. 3. 10/1 Fig. 4. 10/1 Fig. 5. 10/1

Festuca ovina, L. var. vulgaris, Koch.

Fétuque ovine.

C. & L. Schröter ad. nat. del. c.d. Lith. Coopérative, Zurich.

Ces quatre formes sont toutes très-importantes au point de vue agricole. Toutefois, nous ne nous occuperons en détail que de la première et de la troisième, par la raison que la deuxième a la même croissance et la même valeur agricole que la sous-espèce hétérophylle, et que l'on n'a jusqu'ici fait aucune expérience avec la sous-espèce des alpes. Cette dernière observation s'applique aussi à deux autres fétuques rouges qui se rencontrent chez nous, savoir:

5) La fétuque rouge à feuilles planes, *Festuca rubra, subspecies eu-rubra, var. planifolia,* Hackel, à feuilles toutes à limbe étalé.

6) La fétuque rouge à feuilles sétacées, *Festuca rubra, subspecies eu-rubra, var. trichophylla,* Hackel (*Festuca trichophylla,* Gaud.), à feuilles toutes sétacées-convolutées.

XXI. La fétuque rouge traçante.

Festuca rubra, L. *Festuca rubra, subsp. eu-rubra, var. genuina,* Hackel.

La fétuque rouge traçante porte aussi le nom de fétuque ovine rouge. Avec la vraies fétuque gazonnante et les deux variétés énumérées en dernier lieu, elle fait partie des vraies fétuques rouges (*subspecies eu-rubra,* Hackel). Dénomination.

Bien que la culture de cette graminée ne date que d'une époque relativement récente, *Schreber* en 1769 et *Mauke* plus tard, l'ont déjà recommandée comme une précieuse plante fourragère. Historique.

La fétuque rouge traçante est une plante vivace, qui peut rendre d'excellents services, suivant la nature du terrain, tant comme pâturage que comme récolte complémentaire des prés fauchés, et cela bien que ce ne soit pas un fourrage de première qualité. D'après *Sinclair,* elle dure de 7 à 8 ans et donne son rendement maximum la seconde année. Dans les bons terrains, d'autres graminées meilleures rapportent davantage, tandis que celle-ci est tout à fait avantageuse dans les sols de qualité inférieure et surtout dans les terrains sablonneux et froids, sur les talus de chemins de fer, grâce à ses rejets souterrains qui affermissent le sol et forment des gazons compactes; elle fournit en outre un fourrage assez bon. La partie aérienne de la plante a une grande ressemblance avec la fétuque durette, mais elle est, en somme, plus vigoureusement développée. Valeur agricole.

Description botanique. [La planche représente une forme à grandes fleurs (*subvariet. grandiflora,* Hack.).] La fétuque rouge traçante a une croissance lâche et stolonifère. Les pousses latérales sont en partie intra-vaginales et donnent naissance à de petits gazons, en partie extra-vaginales et horizontales, plus ou moins rampantes; souvent même elles se dirigent d'abord vers le bas, de manière que la touffe dans son ensemble se compose de pousses isolées et de gazons partiels plus ou moins distants les uns des autres (fig. A.). Le chaume est ascendant, lisse, d'une taille de 45 à 90^{cm} de hauteur. Les feuilles sont pourvues de gaînes glabres et fermées (fig. 8). Le limbe des feuilles des pousses latérales est complié, à 5 à 7 nervures (fig. 9), avec 5 à 7 côtes libériennes correspondant aux nervures et courant séparément sous l'épiderme de la face inférieure (extérieure) des feuilles (fig. 8). Les feuilles caulinaires sont étalées, multinerviées, velues sur leur face supérieure et pourvues de côtes longitudinales fortement saillantes et correspondant aux nervures; entre ces côtes se trouvent placées des cellules bulliformes (fig. 9). Sous l'épiderme de la face inférieure et de la face supérieure, on observe aussi des côtes libériennes isolées qui correspondent aux nervures (fig. 9). La ligule est toujours glabre, celle des pousses stériles réduite à un étroit rebord transversal sans saillies, qui forme de légères oreillettes dans les feuilles caulinaires (fig. 10). Les rameaux de la panicule sont étalés pendant la floraison; les épillets de la variété figurée ont une longueur allant jusqu'à 10^{mm}, ceux des autres variétés de 7 à 8^{mm} seulement; tous ont de 4 à 6 fleurs, et la glumelle inférieure est aristée (fig. 1). L'ovaire est glabre. Le faux-fruit (fig. 2 à 4) est long de 3 à Description botanique.

5^{mm} sans l'arête et accompagné d'un pédicelle glabre. Le caryopse (fig. 5 à 7) a environ 2 à 3.5^{mm} de longueur; il est comprimé et pourvu, sur la face ventrale, d'un sillon large et peu profond et d'un hile allongé.

Distribution géographique. **Habitat, climat, sol, fumure.** La fétuque rouge traçante est répandue dans toute l'Europe, depuis le Spitzberg jusqu'en Grèce, en Sicile et dans l'Espagne méridionale; dans le midi, elle ne croît que sur les hautes montagnes: en Grèce (sur l'Oeta), jusqu'à 2000^{m}; en Espagne (Sierra Nevada), jusqu'à 2800^{m}. On la retrouve encore dans l'Asie tempérée et dans le nord de l'Amérique.

Stations. Limites d'altitude. Chez nous, elle se rencontre sur les collines, dans les prés secs ou mi-secs, au bord des chemins et des forêts, dans les clairières et même sur les murs, depuis la plaine jusque dans les régions alpines (St-Moritz 1800^{m}, Piz Padella sur Samaden 2200^{m}, Melchalp 2100^{m}, Rigi 1800^{m}, etc.).

Climat. Bien que la fétuque rouge traçante ne supporte pas la sécheresse aussi bien que le fait la fétuque ovine, elle n'est cependant pas très-difficile sous ce rapport, pourvu que le sol lui convienne. En général, elle aime une rosée abondante; aussi peut-on la cultiver, au bord de la mer ou sur les rives de cours d'eau, même dans le sable sec. Elle ne souffre pas du froid et supporte aussi l'ombre.

Sol. C'est dans les terrains poreux et à demi tourbeux qu'elle réussit le mieux, parce qu'elle peut y développer ses stolons. On peut même la cultiver sur les terrains qui ont peu de fond, pourvu que la couche arable soit bonne et pas trop sèche. Dans beaucoup d'alpes, où il n'y a cependant souvent qu'une très-mince couche de terre fertile, la fétuque rouge traçante forme la partie principale de la végétation, preuve qu'elle se plaît dans les terrains meubles et riches, bien que peu profonds. Toutefois, elle se rencontre fréquemment aussi dans les prés et dans les terrains sablonneux et légers, et elle est très-précieuse comme herbe basse, les meilleures graminées de cette catégorie y prospérant moins bien. Elle réussit également dans les meilleurs terrains tourbeux, tandis qu'elle ne s'accommode pas d'autres sols de meilleure qualité.

Epuisement du sol. 1000 kg. de foin enlèvent au sol, d'après nos analyses:

Azote	7.9 kg.	Magnésie	0.4 kg.
Acide phosphorique	9.0 »	Chaux	3.9 »
Potasse	11.5 »	Acide silicique	32.7 »
Soude	0.5 »	Acide sulfurique	1.8 »

Engrais. Comme les racines s'étendent principalement à la partie supérieure de la terre végétale, c'est surtout cette partie qui s'épuise. Aussi une fumure superficielle favorise-t-elle notablement le développement de la plante. L'irrigation lui est aussi très-avantageuse.

Végétation. **Végétation, rendement, valeur fourragère.** La fétuque rouge traçante forme un buisson lâche, avec des rejets rampants souterrains et ordinairement courts (voir la description botanique). C'est ce qui fait qu'elle donne un gazon consistant, bien que peu compacte. Développement. Le développement est le plus souvent faible la première année du semis, et ce n'est que la seconde qu'elle atteint tout son développement et donne le rendement le plus fort. Au printemps, elle pousse un peu plus tard que la fétuque ovine. La floraison a lieu à la fin de mai ou au commencement de juin, un peu plus tard dans les régions élevées. Après la floraison, les feuilles radicales se dessèchent en partie; aussi doit-on, autant que possible, faucher la plante avant qu'elle soit en fleur. La seconde pousse est peu importante, attendu qu'elle ne consiste qu'en feuilles et ne porte pas de chaumes; elle est cependant plus considérable que celle de la fétuque durette. Les feuilles de la seconde coupe restent vertes jusqu'au milieu de l'hiver. Si l'on utilise la plante comme pâturage, il faut s'y prendre aussitôt que possible, attendu qu'elle devient vite dure et que le bétail la dédaigne lorsqu'elle est dans cet état.

Récolte.

Le rendement est très-différent suivant les terrains. *Sinclair* a obtenu 97 quintaux par hectare (36 quintaux par arpent), pendant la floraison, sur un sol sablonneux et léger. Une variété plus grande (dumetorum) lui a donné, pour la même période, 123 quintaux par hectare (44 quintaux par arpent) sur un sol sablonneux riche et noir. *Vianne* a obtenu 75 quintaux de foin par hectare (27 quintaux par arpent). 100 livres d'herbe donnent 42 %. de foin selon Vianne, 43 % selon Sinclair.

Valeur fourragère.

D'après nos analyses, 100 livres de foin de *Festuca eu-rubra genuina grandiflora*, fauché le 30 juin peu après la floraison, renfermaient $79._1$ % de substances organiques, savoir:

Substances azotées (N × $6._{25}$)	$4._9$ %
(Azote dans l'albumine $0._{61}$ %, dans le suc exempt d'albumine $0._{18}$ »)	
Graisse	$2._4$ »
Fibre végétale	$33._5$ »
Matières extractives non azotées	$38._3$ »

D'après *Ritthausen* et *Scheven*, la proportion des substances organiques est de $80._4$ %, se répartissant comme suit:

Substances azotées	$7._8$ %
Graisse	$1._6$ »
Fibre végétale	$39._2$ »
Matières extractives non azotées	$31._8$ »

La proportion des matières nutritives, à l'époque de la floraison et peu après, est donc plus faible que dans un foin de qualité moyenne.

Récolte des semences.

Récolte des semences, impuretés et falsifications. La semence que l'on rencontre dans le commerce ne provient pas de plantes cultivées dans ce but; on la récolte dans les localités où la plante croît spontanément, notamment dans les clairières et dans les recepées. Elle mûrit vers le milieu de juillet. Lorsque les panicules se sont contractées, on les coupe en y laissant une petite partie du chaume, et on les laisse ensuite finir de mûrir au grenier. Toutefois, il ne faut pas attendre trop longtemps pour procéder à cette opération, sous peine de perdre beaucoup de graines qui tombent sur le sol.

Impuretés et falsifications.

Il n'y a pas une seule graminée à l'étiquette des semences de laquelle on puisse aussi peu se fier que pour celle qui nous occupe. Tantôt on reçoit sous ce nom, au lieu des graines de la plante véritable, celles de la fétuque ovine, tantôt celles de la fétuque rouge gazonnante, tantôt enfin de la fétuque hétérophylle; il est rare qu'on reçoive la fétuque rouge traçante, bien que cette graminée ne soit point rare. Malheureusement, il est très-difficile, souvent même absolument impossible, de distinguer ces graines les unes des autres. La semence de la fétuque hétérophylle est la plus grosse et se distingue notamment par sa forme allongée. La glumelle se termine insensiblement en arête. Les fruits de la fétuque rouge gazonnante et de la fétuque rouge traçante ne peuvent absolument pas se distinguer les uns des autres, tandis que ceux de la fétuque ovine sont en général plus courts. (Comparer, du reste, la description des fruits dans les articles relatifs aux diverses formes, ainsi que les figures des planches 20, 21 et 22.) Nous avons reçu de MM. *Vilmorin-Andrieux & Cie*, à Paris, sous le nom de *Festuca dumetorum*, une semence qui, confiée à la terre, a donné une plante que Hackel a reconnue comme étant une variété à gros épillets *(grandiflora)* de la fétuque rouge traçante.

En fait d'impuretés, on rencontre çà et là aussi le brome doux, *Bromus mollis*, L. (fig. 49), la petite oseille, *Rumex acetosella*, etc. Toutefois, on falsifie aussi fréquemment les graines au moyen d'autres semences de valeur moindre, telles que la canche flexueuse, la molinie bleue, etc. La canche flexueuse, *Aira flexuosa*, L. (fig. 46), se distingue surtout par l'arête, qui part de la base du fruit, et par les glumelles moins adhérentes et dont l'extérieure est velue à la base. La graine de la molinie bleue, *Molinia cœrulea*, Mœnch (fig. 47), est caractérisée principalement par l'absence d'arête et par la proéminence de la glumelle intérieure. On rencontre aussi quelquefois des semences de la vulpie bromoïde, *Vulpia bromoides* (fig. 48).

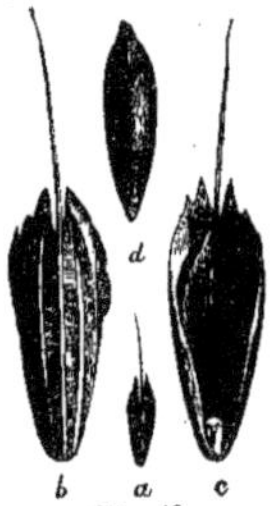

Fig. 49. Brôme doux. *Bromus mollis*, L. *a*. Faux-fruit, en grand. naturelle. *b*. Le même, grossi, face dorsale. *c*. id., face ventrale. *d*. Caryopse, grossi.

Qualité. **Semences et semis.** Une bonne semence moyenne doit avoir un degré de pureté de 85 % et une faculté germinative de 50 %, c'est-à-dire renfermer 42.5 % de graines pures et capables de germer. Suivant la qualité, un hectolitre de semence pèse de 12 à 18 kilos, soit en moyenne de 16 à 17 kilos; selon les variétés, le kilo contient de 800,000 à 1,800,000 graines. Le nombre des graines de la variété à gros épillets n'est que de 800,000 à 1,000,000, tandis qu'il

Quantité. s'élève à 1,800,000 pour la variété à gros épillets. La quantité nécessaire est de 35 kilos par hectare = 1488 centièmes de kilo, soit 12.5 kilos par arpent = 531 centièmes de kilo. Quant au mode de culture, il est le même que celui de la fétuque ovine.

Mélanges. Il ne faut jamais semer cette graminée pure, mais l'employer toujours comme plante de fond, attendu que, si elle est seule, elle n'est pas assez compacte. C'est surtout pour les prairies mélangées et durables qu'elle est très-avantageuse, lorsque le terrain lui convient. Toutefois, c'est comme pâturage qu'elle acquiert toute sa valeur.

Explication de la planche 21.

Fig. A. La plante entière, de grandeur naturelle, en pleine floraison.
» 1. Epillet en fleur.
» 2. Faux-fruit, vu du côté ventral.
» 3. Faux-fruit, vu du côté dorsal.
» 4. Faux-fruit, vue de profil.
» 5. Caryopse, vu du côté ventral.
Fig. 6. Caryopse, vu du côté dorsal.
» 7. Caryopse, vu de profil.
» 8. Coupe transversale de la gaîne et du limbe d'une pousse latérale.
» 9. Coupe transversale du limbe d'une feuille caulinaire.
» 10. Ligule.

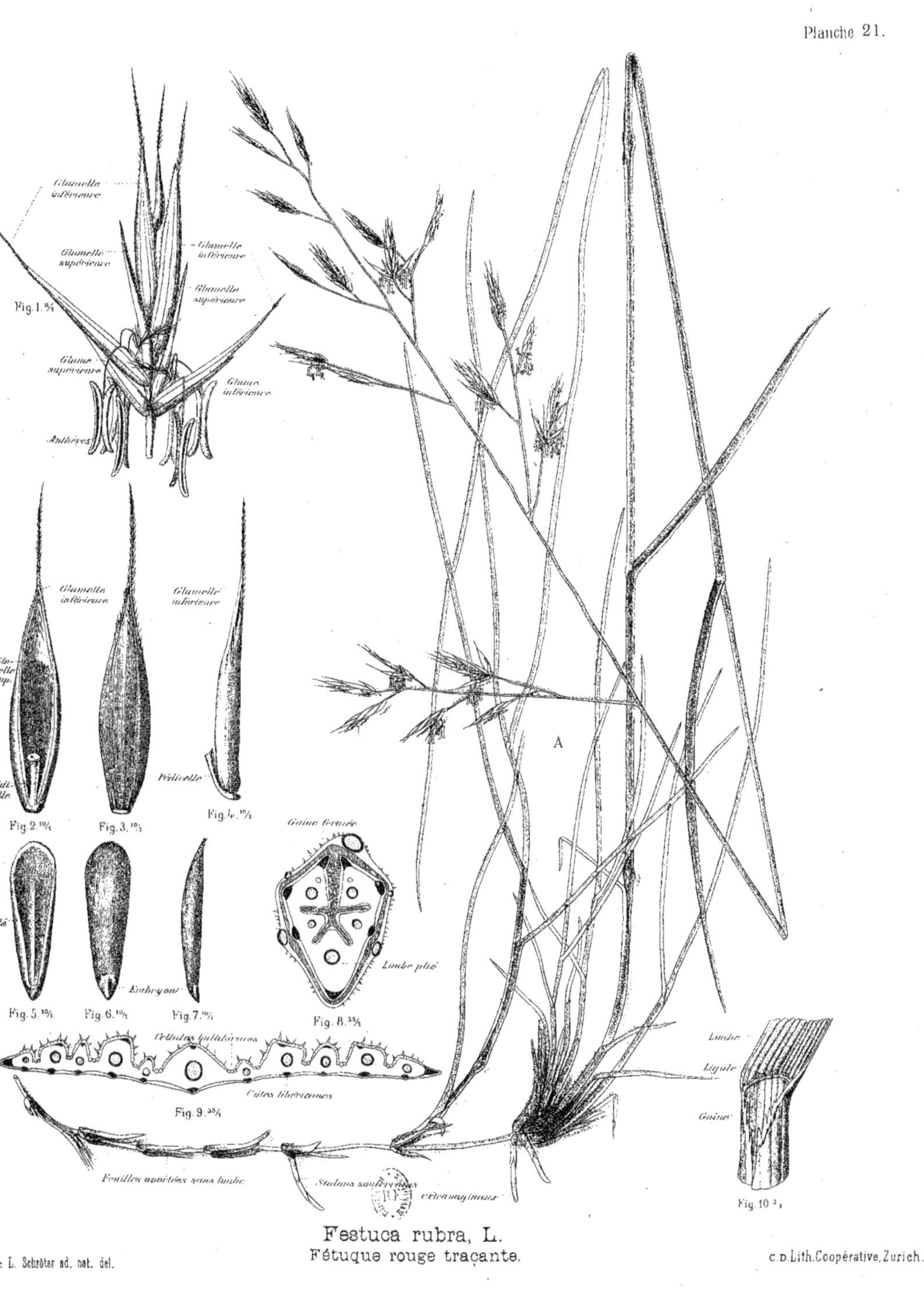

Festuca rubra, L.
Fétuque rouge traçante.

C. L. Schröter ad. nat. del.

C. D. Lith. Coopérative, Zurich.

XXII. La fétuque rouge hétérophylle.

Festuca heterophylla, Lam. (non Hænke).
Festuca rubra, subsp. heterophylla, Hackel.

Dénomination.

Dans la douzième édition de son « *Systema naturæ* », de 1767, *Linné* désigne cette plante sous le nom de *Festuca duriuscula*, pendant que, dans la dixième édition du même ouvrage, de 1759, et dans la deuxième édition de son « *Species plantarum* », le même nom s'applique à la fétuque ovine durette. Or, comme cette divergence n'a pas toujours été suffisamment observée, les anciennes indications ne sont souvent utiles à rien et ont même contribué à des confusions. Le mieux est d'éviter complètement la désignation de *duriuscula* pour la *Festuca heterophylla* de *Lamarck*, afin de ne donner lieu à aucune méprise.

Valeur agricole.

L'attention de *Sprengel* avait déjà été attirée sur cette belle graminée, et ce savant a fait des essais avec elle. J'ignore toutefois à quoi ils ont abouti. Je l'ai aussi semée, il y a deux ans, dans notre champ d'essais, et j'en ai obtenu cette année des résultats très-satisfaisants. On peut néanmoins admettre comme exact ce que plusieurs auteurs en disent, savoir qu'elle réussit mieux à l'ombre que dans les terrains découverts. Semée dans ces derniers, elle peut bien y vivre, mais elle talle bien moins et le rendement diminue promptement, ainsi que l'indique *Langethal*, dont on ne peut contester l'autorité en cette matière.

Description botanique.

Description botanique. La fétuque rouge hétérophylle se distingue notamment de l'espèce traçante et de l'espèce gazonnante, au point de vue de la végétation, en ce que les pousses intravaginales dominent beaucoup ; la touffe est tout à fait compacte et est formée d'un grand nombre de pousses latérales intra-vaginales et d'un petit nombre de pousses extra-vaginales ; aucune de ces pousses n'est traçante. Le chaume atteint une très-grande taille (60 à 120 ^{cm}) ; il est ordinairement lisse et à 3 nœuds. Les feuilles ont des gaînes fermées (fig. 9) ; celles des pousses latérales sont pourvues de feuilles à limbe capillaire, très-long et flasque, plié-sétacé, à coupe transversale triangulaire (fig. 9). Dans les angles sous l'épiderme de la face inférieure se trouvent des côtes libériennes isolées (fig. 9). Le limbe des feuilles caulinaires est élargi et plane, de 2 à 3 ^{mm} de large, pourvu sur la face supérieure, qui est velue, de 5 à 17 nervures longitudinales saillantes et, dans les intervalles, de cellules bulliformes (fig. 10). Dans l'intérieur de la feuille, correspondant aux nervures, courent autant de faisceaux vasculaires, dont les plus gros sont entourés de cellules libériennes allant d'un épiderme à l'autre, tandis que des côtes libériennes, qui sont isolées sous l'épiderme, correspondent aux nervures et faisceaux plus faibles (fig. 10). La ligule est représentée par un rebord étroit et à peine auriculé (fig. 11). La panicule est grande et lâche (6 à 16 ^{cm} de long), souvent penchée au sommet (fig. A) et composée de gros épillets de 3 à 9 fleurs, longs de 8 à 10 ^{cm}. Les glumelles sont pourvues d'arêtes dont la longueur varie de la moitié de celle de la glumelle à cette longueur entière et qui sont rudes vers le haut (fig. 1 à 5). L'ovaire est pubescent. Le faux-fruit est long de $4._5$ à $5._5$ ^{mm} (sans l'arête) étroit, avec un pédicelle pubescent, presque de moitié aussi long que lui (fig. 3 à 5). Le caryopse est long de $3._5$ à $4._5$ ^{mm}, comprimé, muni sur la face ventrale d'un sillon superficiel et d'un hile allongé (fig. 6 à 8).

Variétés.

Variétés. On cultive en Angleterre plusieurs variétés de cette plante, dont les suivantes méritent d'être mentionnées : 1. *præcox* (variété précoce) ; 2. *purpurata* (variété pourpre) ; 3. *serratifolia* (variété à feuilles dentées en scie) ; 4. *glabra* (variété glabre). Or comme, d'après *Hackel*, la fétuque hétérophylle ne dépasse pas le 52me degré de latitude nord, et que cet auteur ne l'indique pas comme spontanée en Angleterre, il est possible que ces formes rentrent dans la fétuque rouge gazonnante (*Festuca rubra fallax*, Hackel), qui a été précédemment considérée quelquefois comme une forme de l'hétérophylle.

Distribution géographique. **Habitat, climat, sol, engrais.** La fétuque hétérophylle est une plante surtout méridionale; elle ne dépasse guère le 52me degré de latitude nord et se rencontre dans toute la France jusqu'à Paris, dans toute l'Italie, dans l'ouest et le sud de l'Allemagne (limite septentrionale, d'après *Hackel*: Palatinat, Bonn, Kyffhäuser, Brunswick, Sondershausen, Halle, Spandau, Strehlen), plus rarement dans la plaine suisse, en Autriche, en Bosnie, en Serbie, en Macédoine; hors de l'Europe elle se trouve dans les provinces caucasiennes et dans l'Himalaya.

Stations. On la trouve principalement dans les clairières des forêts à feuilles caduques, sur les croupes et les bords des bois.

Limites d'altitude. Ses limites d'altitude correspondent à sa distribution géographique dans la direction nord: elle ne monte pas au-delà de 700^{m}, et sa culture à une altitude supérieure ne peut guère donner de bons résultats. Dans les contrées élevées, on peut la remplacer par la fétuque rouge gazonnante.

Climat. En tant que les autres conditions locales sont d'accord avec ses exigences, elle n'est pas sensible aux influences climatériques et peut supporter un haut degré de sécheresse.

Sol. La fétuque rouge hétérophylle réussit surtout dans les terrains calcaires-argileux bas, c'est-à-dire frais et riches en humus. Elle ne croît plus sur un sol sablonneux, pauvre et mauvais; en revanche, elle préfère les bons terrains marécageux.

Epuisement du sol. D'après nos analyses, 1000 kg. de foin enlèvent au sol:

Azote	$8._7$ kg.	Magnésie . . .	$0._3$ kg.
Acide phosphorique .	$10._7$ »	Chaux	$2._5$ »
Potasse . . .	$14._1$ »	Acide silicique . .	$44._0$ »
Soude	$0._6$ »	» sulfurique . .	$1._9$ »

La cendre est donc riche en acides phosphorique et silicique.

Végétation. **Végétation, rendement, valeur fourragère.** La fétuque rouge hétérophylle forme des touffes compactes, donnant naissance à de nombreuses feuilles allongées et sétacées, qui forment la partie basse du gazon, et à des chaumes moins nombreux, atteignant jusqu'à 1 mètre de haut et pourvus de feuilles larges (de là le nom d'hétérophylle), qui représentent l'herbe fauchable. Avec l'âge, les touffes forment souvent un gazon haut de plusieurs pouces, ce qui rend la végétation très-inégale. Au point de vue du développement, la plante se comporte comme la fétuque rouge traçante: c'est la seconde année qu'elle donne son rendement maximum; son développement au printemps est un peu plus tardif, et la seconde pousse est faible.

Développement.

Récolte. *Vianne* a obtenu 94 quintaux de foin par hectare.

100 kg. de foin, fauché le 30 juin, renferment, d'après nos analyses, $77._9$ % de substances organiques, savoir:

Substances azotées (N × $6._{25}$)	$5._5$ %
(Azote dans l'albumine $0._{567}$ %, dans le suc exempt d'albumine $0._{309}$ %).	
Graisse	$2._8$ »
Fibre végétale	$38._9$ »
Matières extractives non azotées	$30._7$ »

La proportion d'albumine est donc notablement moindre que dans le foin de qualité moyenne, tandis que celle de graisse est légèrement supérieure. Nous avons encore sous les yeux une analyse de *Way*. Toutefois, nous ne pouvons y voir si elle se rapporte à notre variété ou à la *Festuca fallax*.

Récolte des semences. **Récolte, impuretés et falsifications de la semence.** La semence que l'on rencontre dans le commerce se récolte en général dans les forêts, comme celle de la fétuque rouge, et l'on y procède de la même manière. Ce qu'on achète sous le nom de fé-

Fig. 50.
Vulpie bromoïde.
Vulpia bromoides, Link.
a. Faux-fruit, grand. nat.
b. Face dorsale. *c.* Face ventrale, grossi 5 fois.

tuque hétérophylle est ordinairement la fétuque gazonnante. Nous avons reçu, entre autres, de la semence véritable de MM. Vilmorin-Andrieux & Cie, à Paris, au prix de fr. 1,40 le kilo, de A. Le Coq & Cie, à Darmstadt, et de Schärly & Felber, à Willisau. Elle est quelquefois falsifiée au moyen de la vulpie bromoïde, *Vulpia bromoides* (fig. 50). Impuretés et falsifications.

Semences et semis. La qualité moyenne comporte, d'après nos analyses, 92.7% de pureté et 63% de faculté germinative = 58.4% de graines pures et capables de germer. 1 kilo de semence pure renferme de 800,000 à 1,200,000 grains. La quantité nécessaire pour ensemencer un hectare est de 38 kilos = 2219 centièmes de kilo; pour un arpent, elle est de 13.5 kilos = 788 centièmes de kilo. Toutefois, il n'est pas avantageux de semer la graine pure, attendu que la fétuque hétérophylle, à cause de son développement en touffes, ne forme pas un gazon continu. On fera bien d'y mélanger la fétuque rouge traçante ou le pâturin des prés. Les horticulteurs se servent des plantes âgées de deux ans pour faire des bordures. Qualité. Quantité. Semis.

La fétuque rouge gazonnante.

Festuca fallax, Thuill. *Festuca rubra*, subsp. *eu-rubra*, var. *fallax*, Hackel.
(*Festuca heterophylla*, Hænke.)

La fétuque rouge gazonnante ne se distingue de la fétuque rouge traçante, au point de vue botanique, que par son mode de végétation. Les pousses latérales extra-vaginales sont, comme dans l'autre, plus nombreuses que les pousses intra-vaginales (au rebours de la fétuque rouge hétérophylle !); elles ne se développent pas de manière à former des rejets rampants; au contraire, immédiatement à leur naissance, elles forment un angle aigu et se dirigent vers le haut, de manière que toutes les pousses aériennes sont serrées les unes contre les autres et forment une touffe épaisse, ce qui a pour résultat que cette forme de fétuque rouge ne donne pas un gazon continu et présente toujours plus ou moins de lacunes entre les diverses touffes. Fétuque rouge gazonnante.

Malgré l'étroite affinité qu'elle a avec la fétuque traçante, nous la plaçons cependant à côté de l'hétérophylle, parce qu'elle en est beaucoup plus voisine *au point de vue agricole* et que, en ce qui concerne la culture, on peut dire d'elle tout ce qui a été dit de la fétuque rouge hétérophylle.

Elle est répandue dans le même domaine que la fétuque traçante, mais elle est plus rare; elle se trouve sous une forme alpine (*nigrescens*, Lam.), dans les Pyrénées, dans les Alpes (Wollerau 600 m, St-Bernardin 1800—2100 m, Rothhorn de Parpan 2100 m, Ralligstöcke, Engstlenalp, Stockhorn, Gemmi), dans le Jura, dans le centre de la France et en Calabre.

Elle convient mieux aux terrains découverts que la fétuque rouge hétérophylle. Jusqu'à présent, la semence s'est rencontrée dans le commerce tantôt sous le nom de fétuque rouge traçante, tantôt sous celui de fétuque rouge hétérophylle.

Fétuque rouge des alpes.

La fétuque rouge des alpes.

Festuca violacea, Gaudin.
Festuca rubra, subspecies *violacea*, Hackel.

La fétuque rouge des alpes se rapproche de la fétuque rouge hétérophylle par sa végétation cespiteuse et son ovaire pubescent, mais elle s'en distingue par la prédominance des pousses extra-vaginales et ses feuilles caulinaires plus ou moins fortement pliées-sétacées, et en outre par ses épillets plus larges et ordinairement teintés de violet. Elle se trouve, chez nous, dans les alpes et leurs contreforts et dans le Jura. On n'a pas encore fait d'essais au sujet de son importance agricole *).

Explication de la planche 22.

Fig. A. La plante entière, en floraison.
» B. La panicule, avant la floraison.
» 1. Epillet en fleur.
» 2. Epillet, avant la floraison.
» 3. Faux-fruit, vu de la face ventrale.
» 4. Faux-fruit, vu de la face dorsale.
» 5. Faux-fruit, vu de profil.
Fig. 6. Caryopse, vu de la face dorsale.
» 7. Caryopse, vu de la face ventrale.
» 8. Caryopse, vu de profil.
» 9. Coupe transversale d'une pousse latérale (gaîne fermée, limbe plié-sétacé).
» 10. Coupe transversale du limbe d'une feuille caulinaire.
» 11. Ligule.

XXIII. Le brome dressé.

Bromus erectus, Hudson.

Dénomination. Le brome dressé se rencontre ordinairement dans le commerce sous le nom de brome des prés (*Bromus pratensis*, Lamarck); on l'appelle plus rarement fétuque dressée (*Festuca erecta*, Wallr.), brome des montagnes (*Bromus montanus*, fl. Wett.) et fétuque de montagne (*Festuca montana*, Savi).

Histoire. On le cultive depuis longtemps déjà dans le midi de la France, et ce n'est que tout récemment qu'on a essayé de le cultiver dans les contrées plus septentrionales.

Valeur agricole. Le brome dressé ne donne, il est vrai, qu'un fourrage de qualité médiocre, mais il peut néanmoins, suivant les circonstances, rendre de très-bons services, surtout dans les terrains calcaires trop pauvres ou trop peu profonds pour l'esparcette. Le brome dressé est pour les terrains calcaires pauvres ce qu'est la fétuque ovine pour les terrains sablonneux pauvres, attendu qu'aucune autre graminée n'y donne des résultats aussi satisfaisants, taut comme herbe à faucher que comme pâturage. Ce n'est point à cause de son rendement ou de la bonne qualité de son foin que nous l'énumérons parmi les meilleures plantes fourragères, mais bien parce qu'il prospère encore dans des terrains médiocres, où les graminées meilleures ne réussissent plus. C'est une véritable trouvaille pour ces terrains, tandis qu'il n'est pas rémunérateur dans les bons terrains. Quand le sol lui convient, il est extrêmement vivace. *Vilmorin*

*) Les auteurs du présent ouvrage ont l'intention de soumettre à une étude approfondie, l'année prochaine, les plantes fourragères des alpes et d'en publier les résultats dans une nouvelle livraison.

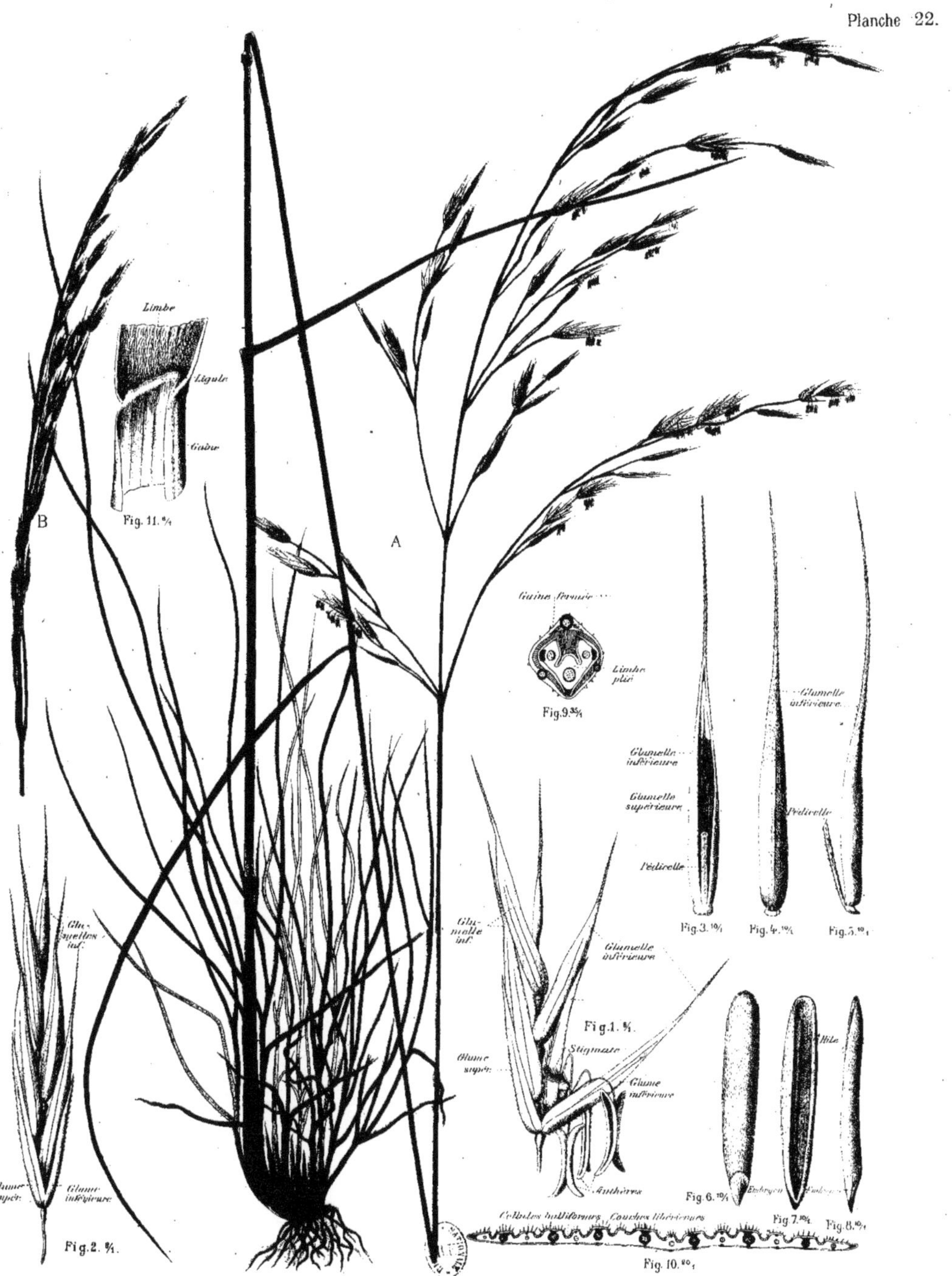

Festuca heterophylla. Lam.

Fetuque hétérophylle

C. & L. Schröder ad. nat. del

c.p. Lith. Coopérative, Zurich.

dit posséder des parcelles qu'il a ensemencées il y a 20 ans avec cette graminée, et qu'elle y prospère bien qu'il n'y ait jamais mis d'engrais. En tout cas, sa durée dépend beaucoup de la nature du sol; elle est plus longue dans les terrains chauds et riches en calcaire que dans ceux qui sont pauvres en calcaire.

Description botanique.

Description botanique. Le brome dressé forme une touffe unie et serrée; les pousses latérales sont toutes extra-vaginales, mais, immédiatement à leur naissance, elles se dirigent en haut (fig. B); des articles allongés de rhizôme, horizontaux ou verticaux, manquent complètement. Le chaume, qui est dressé, rigide, lisse et glabre, atteint une hauteur de 30 à 90 cm. Les feuilles ont des gaînes fermées et finement pubescentes (fig. 10). Le limbe est plié (fig. 10) dans la préfoliation (il est enroulé dans le brome inerme) et muni sur les bords de longs poils rigides et distants; les feuilles des pousses latérales restent ordinairement pliées-sétacées, tandis que les feuilles caulinaires sont plus larges et étalées (fig. 11). Elles ont de 7 à 11 fortes nervures et de 6 à 10 nervures intermédiaires plus faibles; les premières sont munies de couches libériennes allant d'un épiderme à l'autre (fig. 11) et sont placées dans des sillons longitudinaux peu profonds; l'épiderme des espaces faiblement bombés qui les séparent s'épaissit en cellules bulliformes (fig. 11). C'est là une organisation qui est exactement le contraire de celle de la plupart des graminées, où les cellules bulliformes sont ordinairement placées dans la partie rentrée des vallécules longitudinales, comme par exemple dans les feuilles des diverses espèces de *Festuca*. La ligule est brièvement tronquée (fig 12). La panicule, qui est étroite et serrée, est absolument dressée et se divise en rameaux courts, rudes et portant peu d'épillets. Les épillets isolés (fig. 1 et 2) sont allongés, lancéolés et renferment de 5 à 7 fleurs; les glumelles inférieures, qui sont pourvues de 5 à 7 nervures rudes, ont une arête de moitié moins longue qu'elles. Les anthères sont d'un beau jaune orangé. Les stigmates sont placés *au-dessous* du sommet du pistil, qui est muni de poils dirigés en avant (fig. 3). C'est là un caractère qui distingue les bromes des fétuques! Le *faux-fruit* est étroit et allongé (fig. 4 à 6), de 10 à 14 mm sans l'arête et de 14 à 24mm avec l'arête; le pédicelle, qui est très-obliquement tronqué au sommet et pourvu de soies raides et courtes, a de 2 à 4½mm de long. Les bords de la glumelle inférieure ne sont que peu recourbés en avant, de sorte qu'ils laissent la glumelle supérieure presque complètement libre lorsqu'on regarde le faux-fruit de la face ventrale (fig. 4); dans la *Festuca heterophylla*, au contraire, on ne voit pas même la carène de la glumelle supérieure. Entre les deux nervures, la glumelle supérieure est renfoncée et comprimée dans le sillon du caryopse, et au milieu on aperçoit le hile du caryopse sous forme d'une côte longitudinale (fig. 4). Le caryopse (fig. 7 à 9) est brun foncé et « naviculaire » (*Döll*), avec un sillon large et peu profond sur la face ventrale (fig. 7) et une face dorsale faiblement carénée (fig. 8); on aperçoit encore au sommet le reste de la pubescence de l'ovaire et les débris des stigmates au-dessous du sommet; au milieu de la face ventrale, le hile se présente sous la forme d'une ligne saillante et noire qui occupe toute la longueur du caryopse.

Distribution géographique.

Habitat, climat, sol, engrais. Le brome dressé croît spontanément: en *Europe* de l'Espagne à l'Oural et de l'Italie au sud de la Scandinavie (il est plus rare dans le nord); en *Afrique* à Alger; en *Asie* dans le Caucase et en Géorgie; il manque à l'*Amérique du nord*.

Stations.

Nous le rencontrons abondamment chez nous dans les endroits exposés au soleil, sur les coteaux, au bord des chemins et des champs, sur les digues avec la sauge des prés et dans les prairies montagneuses, sèches et exposées au soleil, surtout sur le sol calcaire du Jura.

Limites d'altitude

Dans les régions montagneuses, il ne s'élève pas très-haut chez nous (Lowerz 500 m); dans les alpes bavaroises il monte jusqu'à 750 m et au Talüsch jusqu'à 2200 m.

Climat.

Le brome dressé supporte sans inconvénient, dans les stations favorables, les chaleurs les plus vives, mais il ne résiste pas à l'humidité. Il ne supporte pas non plus l'ombre, tandis qu'il est insensible au froid.

Sol.

Ainsi que nous l'avons dit plus haut, il réussit bien dans les terrains calcaires, mais il prospère également dans les sols marneux et dans les sols calcaires secs et un peu forts, tandis qu'il n'aime pas les terrains meubles et sablonneux.

Epuisement du sol.

1000 kg. de foin récolté en fleur, le 5 juin, dans un terrain exposé et sec, renferment:

Azote	14.3 kg.	Magnésie . . .	1.9 kg.
Acide phosphorique .	6.8 »	Chaux	4.4 »
Potasse	16.8 »	Acide sulfurique . .	1.8 »
Soude	1.1 »	» silicique . .	15.2 »

D'après *Way* et *Ogoston*, 1000 kg. de foin renferment:

Acide phosphorique .	3.4 kg.	Chaux	4.6 kg.
Potasse	12.1 »	Acide sulfurique . .	2.4 »
Soude	0.8 »	» silicique . .	17.2 »
		Magnésie	2.2 kg.

D'après *Demoor*, la proportion de l'azote est de 0.58 %, soit de 5 ‰. Nous possédons encore une analyse de *Malaguti et Durocher*, mais il y manque l'indication de la proportion des cendres, de telle sorte qu'il est impossible de calculer la proportion des divers éléments constitutifs du foin. Les cendres elles-mêmes étaient composées comme suit: Acide phosphorique 9.98, potasse 13.25, soude 12.78, magnésie 3.71, chaux 8.32, acide sulfurique 2.22, acide silicique 35.66, oxyde de fer 3.99, chlore 10.18 %.

Engrais.

Au point de vue de l'engrais, ce qui a été dit de la fétuque ovine s'applique aussi au brome dressé. Les amendements de marne agissent d'une manière avantageuse sur la végétation de cette graminée dans les terrains pauvres en calcaire.

Végétation.

Végétation, rendement et valeur fourragère. Le brome dressé forme de petites touffes compactes, qui produisent des chaumes peu nombreux, hauts de 1 à 3 pieds, peu feuillés, un peu coriaces, et des feuilles assez longues et également un peu coriaces. Les touffes ne constituent pas entre elles un gazon continu. Lorsqu'on le sème au printemps, il ne produit qu'un petit nombre de chaumes la même année; il n'acquiert son entier développement complet que la seconde. Grâce à l'exposition de ses stations, il pousse d'assez bonne heure au printemps et fleurit à la fin de mai ou au commencement de juin. Toutefois, il faut autant que possible le faucher avant la floraison, attendu qu'il devient très-vite dur, se dessèche et perd notablement de sa valeur nutritive. A la seconde coupe, il ne donne ordinairement plus de chaumes, mais seulement des feuilles. Si on l'utilise en pâturage, on doit observer les mêmes règles que pour la fétuque ovine. Tant qu'elles sont jeunes, les feuilles, qui poussent très-abondamment, sont volontiers mangées par le bétail.

Développement.

Récolte.

100 kg. d'herbe récoltée en fleur ont donné 45 kg. de foin d'après *Sinclair*, 45 d'après *Vianne* et *Demoor*.

Dans un terrain sablonneux et fertile, *Sinclair* a obtenu, en fauchant pendant la floraison, 116 quintaux de foin par hectare (42 quintaux par arpent), *Demoor* 170 quintaux (61 par arpent). Dans un terrain calcaire et sablonneux, d'assez mauvaise qualité, *Vianne* a récolté 161 quintaux par hectare à la première coupe (58 quintaux par arpent), et la seconde coupe a donné environ un quart du produit de la première.

Valeur fourragère.

D'après nos analyses, 1000 kg. de foin récolté en fleur renferment 80.3 % de substances organiques, savoir:

Substances azotées	8.9 %
(Azote dans l'albumine 1.032 %, dans le suc exempt d'albumine 0.383 %)	
Graisse	2.2 »
Fibre végétale	32.1 »
Matières extractives non azotées	37.4 »

D'après *Way*, cette graminée contient 81.5 % de substances organiques, dont 8.1 % de substances azotées, 2.8 % de graisse et 70.6 % de matières extractives non azotées et de fibre végétale. Selon *Demoor*, la proportion des substances azotées n'est que de 3.6 %, mais en tout cas le foin analysé était arrivé à une maturité trop complète.

D'après l'analyse de *Way* et la nôtre, le brome dressé équivaut, quant à la valeur nutritive, à un foin de qualité moyenne.

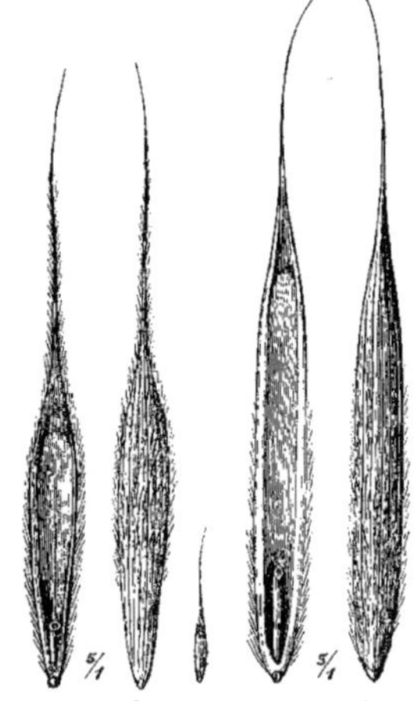

Fig. 51. Brachypode pinné. *Brachypodium pinnatum*, P. B. *a*. Faux-fruit, de grand. naturelle. *b*. Le même, vu de côté et grossi 5 fois. *c*. Le même, vu de la face ventrale et grossi 5 fois.

Fig. 52. Brome rude. *Bromus asper*, Murr. *a*. Faux-fruit, de grandeur naturelle. *b*. le même, vu de côté et grossi 5 fois. *c*. Le même, vu de la face ventrale et grossi 5 fois.

Récolte, impuretés et falsifications de la semence. La semence est mûre au commencement de juillet et se récolte facilement. Celle que l'on trouve dans le commerce provient en grande partie du nettoyage du fromental, et la fenasse*) très-impure est fréquemment vendue comme étant du brome dressé. Si l'on sème des graines de cette sorte, on n'observe presque point de brome pendant les deux premières années, bien que cette graminée dominât dans le mélange, attendu que le fromental, qui se développe plus rapidement, forme la partie essentielle de la végétation. Ce n'est qu'après la seconde année, lorsque le fromental n'est plus aussi vigoureux, que le brome prend le dessus. On trouve souvent dans le commerce, sous le nom de brome dressé ou des prés, le brachypode pinné, *Brachypodium pinnatum* (fig. 51), qui se distingue surtout par sa couleur jaune-paille et par sa glumelle intérieure plus courte que l'extérieure, tronquée au sommet et ciliée-pectinée au bord. On rencontre plus rarement dans le commerce, sous le nom de brome dressé, le brome rude, *Bromus asper* (fig. 52), graminée dure qui croît dans les forêts et qui se distingue du brome dressé par la pubescence assez forte de la glumelle inférieure, qui est entièrement glabre dans le brome dressé.

Récolte des semences.

Impuretés et falsifications.

Semence et semis. La pureté moyenne est de 80%, et la faculté germinative de 64 % = 51.2 % de semence pure et capable de germer. Un kilo de semence pure renferme en moyenne 250,000 grains. L'hectolitre pèse de 18 à 19 kilogrammes. On sème par hectare 60 kilos = 3072 centièmes de kilo, soit par arpent 22 kilos = 1126 centièmes de kilo. La semaille peut se faire aussi bien au printemps qu'en automne. Dans la règle, on ne sème pas le brome dressé pur; on y mélange un peu d'esparcette et quelquefois de la luzerne, lorsque le terrain est propice et notamment sur les talus.

Qualité. Quantité. Mélanges.

L'habitus du brome dressé a une certaine analogie avec celui de la fétuque des prés; toutefois, le premier se distingue au premier coup d'œil par les rameaux inférieurs de la panicule, qui partent de l'axe au nombre de 3 à 5 (tandis qu'il n'y en a qu'un ou deux dans la fétuque des prés), par les

Analogies.

*) Voir première partie, page 47.

arêtes de la glumelle inférieure et par les longs cils des feuilles, caractères qui manquent à la fétuque des prés. Il ressemble davantage au brome inerme (voir ci-dessous), mais celui-ci a de longs stolons souterrains.

Explication de la planche 23.

Fig. A. La plante entière, en pleine floraison.
» B. Partie inférieure d'un chaume, avec les pousses latérales.
» 1. Epillet en fleur ($^6/_1$).
» 2. Le même avant la floraison ($^2/_1$).
» 3. Ovaire.
» 4. Faux-fruit, vu de la face ventrale.
» 5. Le même, vu de la face dorsale.
» 6. Le même, vu de profil.
» 7. Caryopse, vu de la face ventrale, avec la chalaze.

Fig. 8. Caryopse, vu de la face dorsale.
» 9. Caryopse, vu de profil.
» 10. Coupe transversale d'une pousse latérale (à l'extérieur une gaîne fermée, à l'intérieur deux jeunes limbes pliés dans la préfoliation).
» 11. Coupe transversale du limbe d'une feuille caulinaire.
» 12. Ligule.

XXIV. Le brome inerme.

Bromus inermis, Leysser.

Dénomination.

Le brome inerme porte aussi le nom de brome de Hongrie, parce que sa culture joue un rôle assez important dans ce pays et que c'est de là qu'en vient surtout la semence. Comme réclame, on lui donne aussi le nom de «brome géant», qui est inexact, attendu que le vrai brome géant (*Bromus giganteus*, L.) est une tout autre plante.*) On l'appelle aussi «brome-chiendent», à cause de ses stolons, qui rappellent ceux du chiendent.

Histoire.

Déjà en 1769, le pasteur *Nimrod* recommandait cette graminée pour consolider les bords des fossés, et il ajoutait: «A en conclure d'après *Stillingfleet*, ce doit être un bon fourrage, notamment pour les moutons, attendu qu'elle croît sur les coteaux d'Aschersleben, que c'est de cette localité qu'on tire la viande de mouton la plus succulente et que les rôtis de mouton sont envoyés de là en grande quantité dans toutes les directions»**). Ce n'est toutefois que récemment qu'on a commencé à cultiver cette plante, notamment en Hongrie.

Valeur agricole.

Le brome inerme est une belle graminée, assez élevée, mais elle ne constitue qu'un fourrage médiocre, attendu que sa valeur nutritive n'est pas grande, qu'elle devient vite dure et que ses stolons souterrains radicants sont très-difficiles à extirper lorsqu'on veut changer de culture. Toutefois, elle est précieuse dans les terrains secs et meubles et dans les climats secs, où les plantes fourragères de meilleure qualité ne prospèrent plus; elle mérite d'être cultivée, parce qu'elle est très-vivace; on voit à Magocs (Hongrie) des prairies de brome inerme, qui ont été fauchées pendant 13 ou 14 ans et qui plus tard ont encore donné un bon rendement.

Description botanique.

Description botanique. Le brome inerme ne croît pas en touffe; il est stolonifère; les pousses latérales, qui sont sans exception extra-vaginales, forment de longs stolons souterrains radicants, souvent tortueux (fig. A), de telle sorte que les parties aériennes sont isolées; le chaume est très-

*) Le brome géant (Bromus giganteus, L.) est une plante qui croît communément dans les forêts et dont les fruits sont très-longuement aristés. Il n'a pas grande valeur au point de vue agricole.

**) Voir D.-Jean-Christian-Daniel *Schreber*. Beschreibung der Gräser nebst ihren Abbildungen nach der Natur. Leipzig 1796, première partie, page 100.

Planche 23.

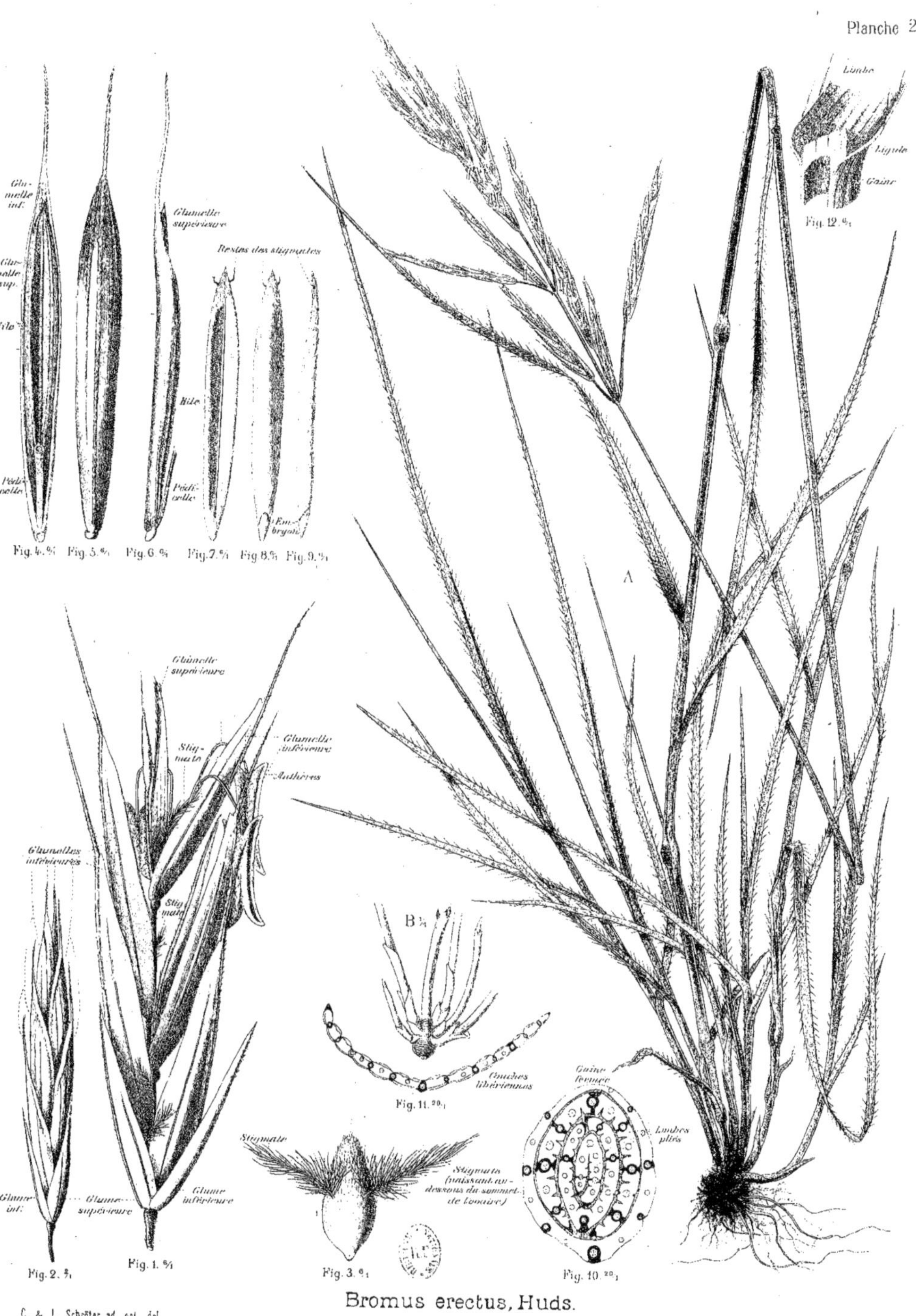

C. & L. Schröter ad. nat. del.

Bromus erectus, Huds.

Brome dressé.

c.D. Lith. Coopérative, Zurich.

feuillé et lisse et a de 30 à 140^{cm} de hauteur. Les feuilles ont une gaîne glabre et fermée (fig. 9) et un limbe enroulé dans le bourgeon (fig. 9), atteignant jusqu'à 18^{mm} de largeur et ordinairement étalé à angle droit. La coupe transversale du limbe (fig. 10) présente une nervure médiane fortement saillante en dessous et en outre, à droite et à gauche, 6 à 7 nervures latérales plus faibles, également saillantes en dessous. Toutes sont pourvues de couches libériennes allant d'un épiderme à l'autre; entre ces nervures s'en trouvent encore un certain nombre d'autres très-faibles, avec ou sans cellules libériennes. Sur la face supérieure de la feuille, de faibles sillons longitudinaux correspondent aux nervures, et entre deux l'épiderme s'épaissit en formant des cellules bulliformes (fig. 10). La ligule est courte, tronquée, finement dentée (fig. 11). La panicule est élégante et étalée et se compose de gros épillets allongés, atteignant jusqu'à 27^{mm} de longueur, élégamment panachés de blanc verdâtre et de rouge-brun (fig. 1). Les glumelles inférieures sont munies d'un large bord membraneux et diaphane; elles sont brièvement bicuspidées au sommet (fig. 2), sans arête ou plus rarement terminées par une arête très-courte. Les anthères sont d'un jaune orangé. Le faux-fruit, qui a de 10 à 13^{mm} de long (fig. 3 à 5), est comprimé-plane; la glumelle inférieure est également comprimée-plane et n'est recourbée en avant qu'à sa base (fig. 3), de manière que la glumelle supérieure est complètement visible, à l'exception de la base. Cette dernière glumelle adhère au caryopse au point que l'on voit même, sur la ligne médiane, le hile du caryopse comme côte longitudinale saillante sur la glumelle (fig. 3). Le pédicelle, qui est court et garni de soies raides, atteint environ $^1/_4$ de la longueur du faux-fruit. Le caryopse lui-même, qui a de 6 à 10^{mm} de long (fig. 6 à 8) et que l'on ne peut séparer que par la cuisson dans l'eau des glumelles qui y adhèrent fortement, est également très-comprimé et plane, atténué en pointe à ses deux extrémités et à pubescence serrée au sommet. Sur le côté ventral, qui est à peine bombé, le hile se présente sous la forme d'une côte saillante placée dans une dépression longitudinale de peu de profondeur (fig. 6). Le côté dorsal est plane ou légèrement déprimé (fig. 7), en profil un peu ondulé (fig. 8).

Habitat, climat, sol, engrais. Le brome inerme croît à l'état sauvage: en *Europe*, en France, en Hollande, en Allemagne, en Suisse (très-rare, seulement près de Bâle et peut-être aussi dans la Suisse occidentale, mais probablement échappé de jardins), en Autriche, dans les principautés danubiennes, en Russie; en *Asie*, dans le Caucase et en Sibérie. Distribution géographique.

On le trouve spontané surtout sur les collines incultes, au bord des chemins, des champs et des forêts, dans les haies, au bord des rivières, plus rarement dans les prés. Stations.

Il ne s'élève pas bien haut dans la montagne (Bavière 475^{m}). Limites d'altitude.

D'après les expériences qui ont été faites depuis 30 ans dans les domaines du comte Karolyi, à Magocs (Hongrie), cette graminée résiste aux sécheresses les plus persistantes, auxquelles succombent toutes les autres plantes. Elle n'est pas non plus sensible au froid. En revanche, elle supporte moins bien l'ombre. Il résulte des essais et des observations de *Nimrod* que les fruits sont aristés lorsque la plante croît à l'ombre. Climat.

Le brome inerme prospère surtout dans les terrains meubles et quelque peu frais. Aussi est-ce sur les sols riches en humus, sablonneux-argileux, qu'il donne le meilleur rendement; toutefois, on peut aussi le cultiver dans des terrains plus forts, mais on lui préférera alors, dans la règle, des graminées plus avantageuses. Son importance principale, dans notre pays, gît dans la possibilité de l'employer avantageusement pour gazonner les terrains sablonneux des rives des lacs et des fleuves, attendu que la plante y trouve le plus souvent une humidité suffisante et que d'autres herbes d'un meilleur rapport n'y réussiraient pas aussi bien. Dans les contrées de la Hongrie où la luzerne ne prospère pas, on l'emploie fréquemment pour remplacer ce fourrage, par la raison que le brome inerme est moins délicat au point de vue du sol végétal et du sous-sol et qu'en outre il n'exige pas le moins du monde un sol aussi bien préparé.

Epuisement du sol. 1000 kilos enlèvent au sol, d'après nos expériences:

Azote	$7._7$ kilos	Magnésie	$0._8$ kilos
Acide phosphorique	$8._3$ »	Chaux	$3._4$ »
Potasse	$16._8$ »	Acide sulfurique	$2._6$ »
Soude	$0._0$ »	Acide silicique	$30._1$ »

Engrais. Dès que la nature physique du sol est favorable, le brome inerme n'est pas difficile en ce qui regarde l'engrais. Toutefois, sur un sol sablonneux et par trop pauvre, il est bon, pour en favoriser le développement dès l'abord, de fumer le terrain avant la semaille.

Végétation. **Végétation, rendement, valeur fourragère.** Tout comme le chiendent, le brome inerme pousse de longs stolons souterrains qui garnissent le terrain, dans toutes les directions, d'un système de racines serrées. Dans le champ d'essais de la station de contrôle des semences, à Zurich, ces stolons se sont, en dépit du terrain argileux, étendus sur les plates-bandes voisines de telle sorte qu'on a dû extirper la plante, comme mauvaise herbe, au moyen du défonçage. Dans ce pré, le brome inerme forme Développement. un gazon dense. Les chaumes sont nombreux; ils ont de 1 à 4 pieds de haut, suivant la nature du sol, et sont durs mais fortement feuillés. Les feuilles sont larges, mais minces et un peu coriaces à la façon du roseau. Si l'on sème le brome inerme au printemps, on peut s'attendre à une coupe la même année; la seconde année, on obtient deux coupes. La plante se développe, au printemps, plus tard que les autres espèces indigènes de brome; aussi ne fleurit-elle qu'au milieu de juin. La seconde pousse donne des chaumes aussi nombreux que la première, et le rendement est presque aussi fort. D'après les indications de *Sinclair,* le produit diminue à partir de la deuxième année, et il est bon de défoncer de temps en temps le terrain. La Récolte. plante s'emploie aussi bien comme herbe à faucher que comme pâturage, bien qu'elle soit un peu dure pour ce dernier usage. Autant que possible, il faut la faucher avant la floraison, parce qu'elle devient déjà dure à partir de ce moment; on doit également s'y prendre de très-bonne heure pour le pacage. Lorsqu'on laisse mûrir les chaumes, ils donnent une litière excellente, qui peut remplacer la paille.

Rendement. Dans un terrain sablonneux, noir et graveleux, *Sinclair* a obtenu de la première coupe, opérée pendant la floraison, 137 quintaux de foin par hectare (49 quintaux par arpent), et 198 de la deuxième coupe en vert (71 quintaux par arpent). Par les plus fortes sécheresses, on compte en Hongrie un rendement de 52 à 60 quintaux de foin par hectare (19 à 22 quintaux par arpent). Selon les circonstances, le produit y est supérieur à celui de la luzerne. Comme pâturage, on estime à Magocs qu'un hectare peut nourrir 20 moutons pendant l'été. D'après *Sinclair*, 100 kg. d'herbe donnent 50 kg. de foin.

Valeur fourragère. D'après nos analyses, 100 kg. de foin coupé le 30 juin renferment $78._3$ % de substances organiques, savoir:

Substances azotées (azote N × $6._{25}$)	$4._9$ %
(azote dans l'albumine $0._{52}$, dans le suc exempt d'albumine $0._{26}$ %)	
Graisse	$1._8$ »
Fibre végétale	$36._9$ »
Matières extractives non azotées	$34._9$ »

La proportion des substances nutritives est donc notablement inférieure à celle d'un foin de qualité moyenne.

Récolte, impuretés et falsifications des semences. Après la floraison, la panicule se contracte et prend une couleur brun-violet, puis jaune-paille. Le véritable moment de la maturité est celui où les épillets sont devenus violets, ce qui arrive vers le milieu de juillet. On coupe alors les chaumes, on les fait sécher, et on les bat pour obtenir la semence. Le rendement est assez considérable, parce que les graines sont abondantes, grosses et lourdes. La semence elle-même est comprimée, ordinairement sans arête (voir plus haut à la rubrique « faux-fruit »). Je n'ai encore observé ni impureté ni falsification de quelque importance. Suivant les circonstances, on pourrait confondre avec cette graine celle du brome rude (fig. 53), qui s'en distingue à première vue par ses longues arêtes. On vend fréquemment aussi, sous le nom de brome géant, le brachypode pinné *(Brachypodium pinnatum*, P. B., fig. 54) et le brome sécalin *(Bromus secalinus*, L., fig. 55). Le premier est jaune-paille et longuement aristé, le second beaucoup plus lourd, plus arrondi, plus vigoureux et également de couleur pâle.

Récolte des semences.

Impuretés et falsifications.

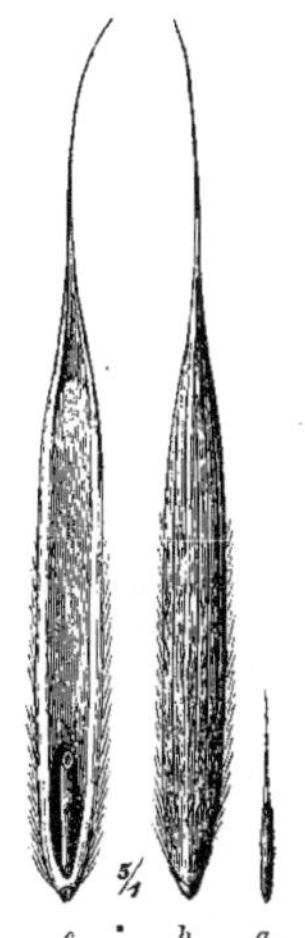

Fig. 53. Brome rude. *Bromus asper*, Murr. *a.* Faux-fruit, en grandeur naturelle. *b.* Le même, vu de côté et grossi 5 fois. *c.* Le même, vu de la face ventrale et grossi 5 fois.

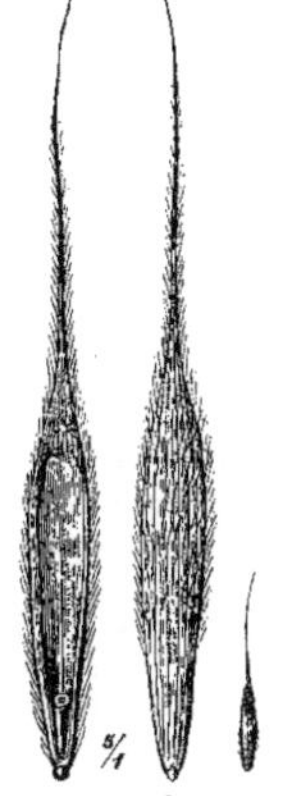

Fig. 54. Brachypode pinné. *Brachypodium pinnatum*, P. B. *a.* Faux-fruit, en grand. naturelle. *b* Le même, vu de côté et grossi 5 fois. *c.* Le même, vu de la face ventrale et grossi 5 fois.

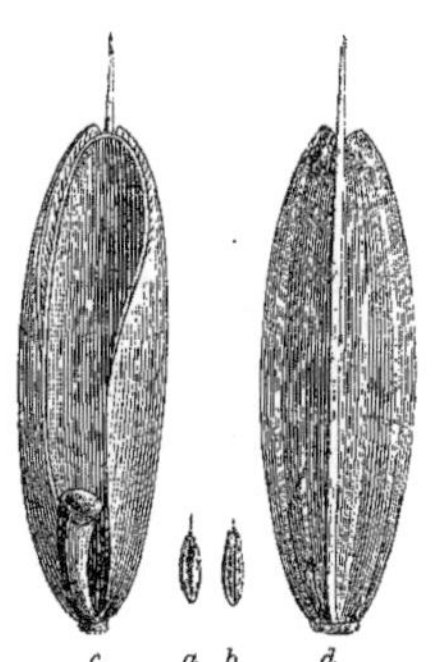

Fig. 55. Brome seigle. *Bromus secalinus*, L. Faux-fruit, *a. b.* en grand. nat., *c. d.* grossi 8 fois.

Semis et semences. Une bonne semence doit renfermer 90 % de graines pures, dont 90 % capables de germer, soit 81 % de semences pures et douées de la faculté germinative. Un kilo de semence pure renferme environ 300,000 grains. On sème

Qualité.

Quantité.

50 kilos (4050 centièmes de kilo) par hectare, soit 18 kilos (1458 centièmes de kilo) par arpent. Edmond *Mauthner*, à Budapest, vend la semence au prix de 116 francs les 100 kilos, de sorte que la dépense est de 58 francs par hectare, soit de 21 francs par arpent.

Semis. Le brome inerme se sème au printemps ou en automne. Le semis de printemps, qui est le plus usuel, se fait dans la règle parmi le blé d'été; celui d'automne, parmi le blé d'hiver, attendu que la plante n'est en plein rapport que la seconde année. On le cultive le plus souvent seul, parce qu'il étouffe facilement les autres plantes. Toutefois, en Hongrie, on le mélange quelquefois avec la luzerne (environ 60 % de brome et 40 % de luzerne). On s'en sert aussi, en mélange avec diverses espèces de trèfle et de graminées, pour établir des prairies permanentes. Il est bon de le herser au printemps.

Mélanges.

Explication de la planche 24.

Fig. A. La plante entière en fleur.
» 1. Epillet, avant la floraison
» 2. Une glumelle inférieure.
» 3. Faux-fruit, vu de la face ventrale.*)
» 4. Le même, vue de la face dorsale.
» 5. Le même, vu de profil.
» 6. Caryopse, vu de la face ventrale.
» 7. Le même, vu de la face dorsale.
Fig. 8. Le même, vu de profil.
» 9. Coupe transversale d'une pousse latérale; deux gaînes fermées, entourant deux jeunes limbes enroulés.
» 10. Coupe transversale de la moitié du limbe d'une feuille caulinaire.
» 11. Ligule.

XXV. La crételle des prés.

Cynosurus cristatus, Linné.

Dénomination. La crételle des prés porte le plus souvent simplement le nom de crételle, attendu que les autres espèces du même genre sont rares et sans importance au point de vue agricole. Elle porte à Hambourg le nom de « Kammsaat », dans le canton de Berne celui de « Herdgras » et à Darmstadt celui de « Goldspitze », à cause de la couleur de la graine.

Histoire. Elle a été d'abord cultivée en 1761 en Angleterre par *Stillingfleet*, en même temps que la fléole des prés; c'est du reste aux Anglais que revient l'honneur d'avoir voué les premiers leur attention à la culture des graminées. Dans ce pays, on lui attribue la propriété, lorsqu'elle abonde dans les pâturages, de préserver les moutons du piétin.

Valeur agricole. La crételle est une des meilleures graminées fourragères, moins par l'abondance de son rendement que par sa haute valeur nutritive et parce que, mélangée avec des herbes plus grandes, elle constitue une graminée basse très-précieuse, qui augmente notablement le produit. C'est une plante élégante et que l'on aime à voir dans les prés et pâturages. C'est à son abondance, en compagnie du ray-grass anglais, du pâturin des prés et du trèfle rouge, que l'on attribue l'excellence des pâturages de Berkley (Angleterre), ainsi que des fromages qu'on y fabrique; cette graminée forme, du reste, une partie essentielle des pâturages les plus renommés de l'Angleterre, de

*) Les deux traits à droite indiquent la longueur maximum et minimum du faux-fruit, de grandeur naturelle; il en est de même du caryopse (fig. 6).

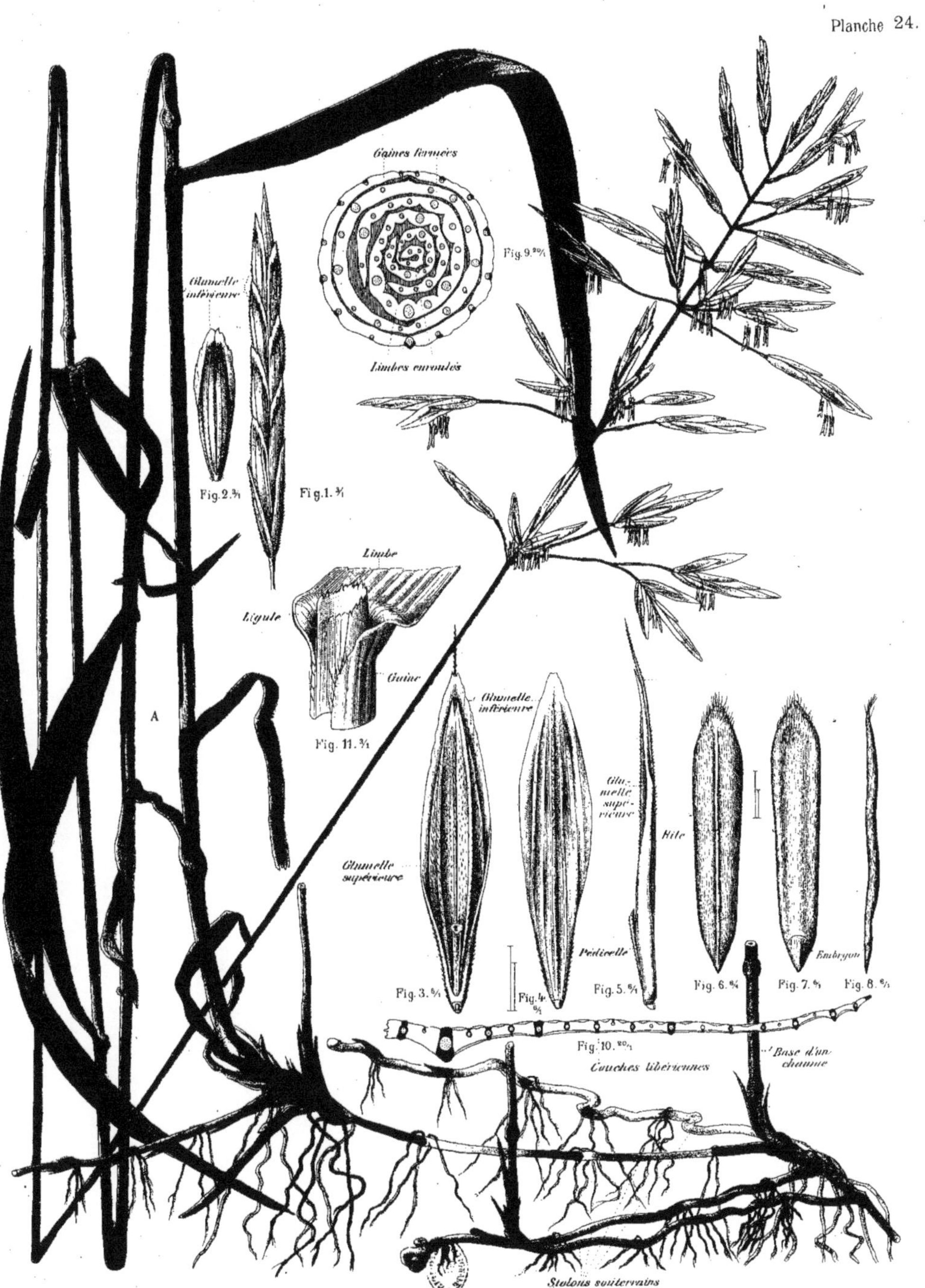

Bromus inermis, Leyss.

Brome inerme.

C. & L. Schröter ad. nat. del.

c.d. Lith. Coopérative, Zurich.

la Hollande et du Schleswig-Holstein; c'est aussi une des plantes les plus communes des pâturages des alpes. Elle est vivace et sert soit comme herbe à faucher soit comme pâturage.

Description botanique. La crételle forme des touffes provenant de pousses intra-vaginales. Les chaumes sont ascendants, genouillés à la base (quelquefois radicants au nœud inférieur), lisses et rigides, de 30 à 60 cm de haut. Les gaînes des feuilles sont fermées presque jusqu'au sommet (fig. 17); le limbe est d'abord plié dans la préfoliation, puis chevauchant par les bords, c'est-à-dire enroulé. Le limbe de la feuille parfaite est toujours un peu creusé en gouttière; sur la coupe transversale (fig. 18), on observe de 9 à 11 nervures (faisceaux vasculaires), auxquelles correspondent autant de côtes longitudinales fortement saillantes à la face supérieure et moins prononcées à la face inférieure; toutes ces côtes sont en même temps marquées par des côtes libériennes isolées (en quelques endroits seulement en contact avec les faisceaux cellulaires). — La ligule est courte et tronquée (fig. 19). Description botanique.

L'inflorescence consiste en un faux-épi étroit, long de 5 à 10 cm, d'abord (fig. B) presque cylindrique et serré, puis (fig. A) long, conique, lobé et lâche (panicule spiciforme contractée), dans lequel les épillets brièvement pédonculés et nettement unilatéraux sont groupés en petits faisceaux sur un rachis trigone et ondulé (le rachis se tordant quelquefois, le faux-épi semble ne plus être unilatéral). Les épillets sont de deux sortes; les uns fertiles, les autres stériles. Chaque épillet normal et fertile est accompagné d'un épillet stérile pectiniforme (fig. 7), dans lequel se trouvent placées, serrées contre le rachis de l'épillet, jusqu'à 10 glumelles étroites, fortement carénées et ciliées, ne renfermant pas de fleurs. Comme les épillets stériles recouvrent les autres depuis la partie extérieure, on ne voit que ces crêtes avant l'épanouissement des faux-épis (fig. B). Les épillets fertiles (fig. 1 à 6) ont de 3 à 4 fleurs et sont pourvus de 2 glumes étroites, atteignant presque toute la longueur de l'épillet et fortement ciliées sur la carène. Les glumelles inférieures sont mutiques ou très-brièvement aristées, à 5 nervures faibles; elles sont arrondies sur le dos et munies vers le haut de soies raides (fig. 1, 2, 3, 5); les glumelles supérieures ont 2 carènes très-rapprochées; le bord en est large, rentré et tronqué en biais à la partie supérieure (fig. 1, 3, 4 et 6). Les deux squamules de la fleur ont une longueur égale à la moitié de celle de l'ovaire et empiètent par leurs bords sur la glumelle supérieure (fig. 6). Le faux-fruit (fig. 8 à 13) présente des dimensions très-variables: il est ou bien court et épais (3 mm de long sur 1 mm d'épaisseur: fig. 8, 10 et 13) ou bien long et ténu ($4^1/_2$ mm de long sur $^1/_2$ mm d'épaisseur: fig. 9, 11 et 12), avec toutes les transitions entre ces deux extrêmes. Toutefois, la glumelle inférieure, qui est d'un brun clair, est invariablement munie de soies très-raides à la partie supérieure et d'une fine ponctuation à la partie inférieure; la glumelle supérieure est munie sur toute sa superficie de petits points fins et luisants (résineux?), et le pédicelle est très-court.

Le caryopse lui-même a tout au plus 2 mm de long; il est légèrement comprimé, pourvu d'une dépression à peine visible sur la face ventrale; il porte à sa face dorsale l'embryon, qui est petit (fig. 14 à 16).

Habitat, climat, sol, engrais. La crételle est indigène: dans toute l'*Europe*, du Portugal à l'Oural et d'Italie et de Grèce jusque dans le nord de la Suède et de la Finlande; en *Asie*, dans le Caucase et en Géorgie. Elle manque en Amérique. Distribution géographique.

Dans les prés et sur les collines, dans les lieux herbeux humides ou secs, au bord des chemins et des champs, elle est commune chez nous sur les bons terrains et monte passablement haut dans les alpes (Klosters 1200 m, Rellsthal 1200 m, Gurnigel 1300 m, Napf 1408 m, Seelibühl 1752 m). Elle est plus commune, en Suisse, dans les basses alpes que dans la plaine. Stations. Limites d'altitude.

C'est principalement dans les climats humides que la crételle prospère; aussi sont-ce les contrées montagneuses et les rives qui lui conviennent le mieux. Toutefois, sur un sol approprié, elle résiste aussi très-bien à la sécheresse et supporte fort bien même les années les plus sèches et les pentes les plus exposées au soleil, attendu qu'elle pousse de profondes racines. Elle résiste également à l'ombre. Climat.

A l'exception des sols acides et des terrains légers et sablonneux, elle réussit presque partout, notamment dans les terrains moyens et riches en humus (sol limo- Sol.

neux, argile douce, marne et sol sablonneux-limoneux), où elle atteint son maximum de développement. Toutefois, elle prospère aussi fort bien dans les gros terrains argileux. Elle aime de la fraîcheur dans le sol, mais elle croît aussi dans les terrains secs et même sablonneux; dans ces derniers, toutefois, elle ne se développe que d'une manière plus chétive. Elle prospère également dans les terrains humides, mais elle n'est plus à sa place dans les localités décidément mouillées.

Epuisement du sol. D'après *Way* et *Ogoston*, 1000 kg. de foin coupé pendant la floraison enlèvent au sol:

Acide phosphorique .	4.0 kg.	Chaux . . .	5.6 kg.
Potasse . . .	17.7 »	Acide sulfurique .	1.8 »
Magnésie . . .	1.3 »	Acide silicique .	22.0 »

D'après *Arendt:*

Azote	22.8 kg.	Chaux . . .	3.2 kg.
Acide phosphorique .	5.4 »	Acide silicique . .	29.7 »
Magnésie . . .	1.3 »		

D'après *Way*, la proportion d'azote renfermée dans le foin serait de 15.2 ‰; d'après *Ritthausen* et *Scheven*, de 10.5 ‰ seulement.

Engrais. Pour que la plante prospère bien, il faut que le sol soit nutritif; aussi donne-t-elle bien davantage si l'on fume le terrain, surtout avec des engrais azotés. Elle supporte fort bien les arrosages au purin, et elle acquiert son plus grand développement dans les prairies d'irrigation où l'eau a un bon écoulement.

Végétation. **Développement, rendement, valeur fourragère.** La crételle des prés forme de petites touffes plates, d'où partent quelquefois de courts stolons souterrains; lorsque les touffes sont suffisamment rapprochées, elle constitue un gazon serré. Elle pousse un petit nombre de chaumes hauts de 1 à 2 pieds, mais en revanche de nombreuses feuilles radicales, plus ou moins larges suivant les stations, qui donnent naissance au gazon touffu. Le chaume lui-même est peu feuillé et devient promptement dur. Ce n'est que la deuxième et la troisième année après la semaille que la plante acquiert son plein rendement. Elle ne se développe pas de très-bonne heure au printemps, mais ce n'est pas non plus une des graminées tardives; elle tient le milieu entre deux. Elle fleurit du milieu à la fin de juin. A l'époque de la fauchaison, lorsque celle-ci a lieu de la fin de mai au milieu de juin, la plante n'a donc pas encore atteint son entier développement, de sorte qu'on ne la remarque ordinairement pas dans le foin. En revanche, la seconde coupe est d'autant plus abondante, attendu que les pousses feuillées, dont les chaumes n'ont pas pu se développer pour la première coupe, donnent naissance à des tiges pour la seconde; aussi la crételle augmente-t-elle notablement le produit du regain. Le développement des feuilles au printemps est, il est vrai, aussi précoce que dans la plupart des autres graminées; seulement, les chaumes ne poussent que plus tard. On peut, par conséquent, commencer tôt aussi avec le pâturage. Il est même bon de s'y prendre de bonne heure, parce que les chaumes, dès qu'ils ont poussé, deviennent durs et même secs à la floraison, de sorte que le bétail n'y touche pas. C'est par ce motif que nous voyons souvent les pâturages des alpes occupés pendant tout l'hiver par les chaumes de la crételle, que les animaux ont laissés sur pied. Ce serait cependant une erreur que d'en conclure que le bétail n'aime pas cette graminée, car il mange volontiers les pousses foliacées; mais il n'est pas possible, au pâturage, de tenir ces pousses assez basses pour qu'elles ne donnent pas aussi nais-

Développement. Récolte.

sance à des chaumes. Si les autres graminées touffues et de meilleure qualité croissaient en aussi grande abondance que la crételle dans les alpages, on pourrait, pour la plupart d'entre elles, observer dans la règle ce phénomène sur une échelle bien plus grande encore, de sorte que ce n'est pas là une propriété spécifique de la crételle. Lorsque la fétuque rouge domine dans les pâturages des alpes, on observe, en été et en automne, tout autant de chaumes restés intacts, de même que dans les pâturages des contrées marécageuses, où le ray-grass anglais domine.

Sur un sol fertile, *Vianne* a obtenu 58 quintaux de foin par hectare; dans un terrain limoneux et fumé, *Sinclair* a obtenu 37 quintaux de foin et 63 quintaux de regain vert. Rendement.

100 kg. d'herbe ont donné 34 kg. de foin d'après *Sinclair* et *Vianne*, 31 kg. d'après *Ritthausen* et *Scheven.*

D'après la plupart des analyses faites jusqu'ici, la valeur nutritive est assez considérable, ainsi que le démontrent les chiffres suivants: Valeur fourragère.

100 kg. de foin renferment:

	D'après Way.	D'après Ritthausen et Scheven.	D'après Arendt.
Substances organiques	80.4 %	78.8 %	78.9 %
dont:			
Substances azotées	9.5 »	6.6 »	14.3 »
Graisse	3.1 »	2.2 »	3.5 »
Fibre végétale	22.6 »	36.7 »	
Matières extractives non azotées .	45.2 »	33.3 »	

La faible proportion de substances azotées et de graisse dans la seconde analyse provient probablement, ainsi que le fait observer *Vianne,* du fait que les plantes ont été récoltées dans un terrain très-humide. A en juger par les deux autres analyses, la crételle des prés a une valeur fourragère supérieure à celle du foin de qualité moyenne.

Récolte, impuretés et falsifications de la semence. La semence est mûre à la fin de juillet ou au commencement d'août. Le véritable moment de la maturité se reconnait en ce que les semences se détachent par le frottement et que les glumelles se colorent en jaune; toutefois, il faut que les caryopses aient acquis une consistance coriacée. Si l'on fauche trop tôt, les graines germent mal; si l'on attend trop longtemps, on en perd beaucoup. Les plantes destinées à la récolte des semences se coupent comme le ray-grass anglais; une fois qu'elles sont sèches, on les laisse finir de mûrir à l'ombre et dans un endroit aéré. Il est facile de les battre. Jusqu'à présent, on n'a pas, dans la règle, cultivé la crételle en grand pour la graine; on s'est contenté de la couper dans les localités où elle croît naturellement, surtout dans les pâturages. Toutefois, plus on va en avant, plus la demande surpasse l'offre, de sorte que la semence a notablement augmenté de prix les dernières années. Aussi est-il nécessaire de vouer encore plus de sollicitude à la récolte de la graine, car, aussi longtemps que le kilo revient à 3 ou 4 francs, comme c'est le cas actuellement, il n'est souvent pas avantageux de semer cette graminée. Dans les alpes suisses, où elle est parfois très-abondante, il serait facile d'en récolter les semences, sans nuire pour cela au pâturage, et les pâtres pourraient de cette manière obtenir souvent un bénéfice accessoire assez important. Récolte des semences.

Avec une culture en grand, *Hannemann* et *Werner* évaluent à 200 kilos par hectare le produit de la récolte des semences. Rendement des semences.

Impuretés et falsifications. La semence est souvent mélangée de fruits de houlque laineuse dépourvus de glumes, et ce mélange se pratique aussi, sans nul doute, intentionnellement. Toutefois, ces fruits sont d'un blanc très-luisant et arrondis, tandis que les glumelles de la crételle (fig. 56) sont acuminées, aristées et pourvues d'aiguillons courts à leur partie supérieure. Il est plus difficile de reconnaître la falsification avec les semences de la fétuque ovine capillaire, *Festuca ovina capillata*, Hackel (fig. 57). Celles-ci sont plus courtes, moins longuement aristées, presque lisses et colorées en jaune-paille rougeâtre.

Fig. 56.
Crételle des prés.
Cynosurus cristatus, L.
a. Faux-fruit,
en grand. naturelle.
b., *c*. Le même, grossi 7 fois
(d'après Nobbe).
b Vu de l'extérieur.
c. Vu de l'intérieur.

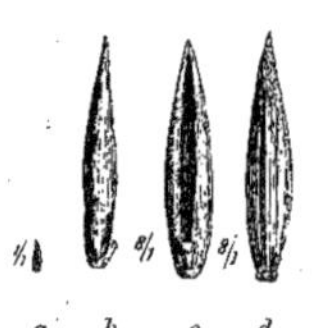

Fig. 57.
Fétuque ovine capillaire.
Festuca ovina capillata,
Hackel.
a. Faux-fruit,
en grandeur naturelle.
b., *c*., *d*. Le même,
grossi 8 fois.
b. Vu de côté.
c. Vu de la face ventrale.
d. Vu de la face dorsale.

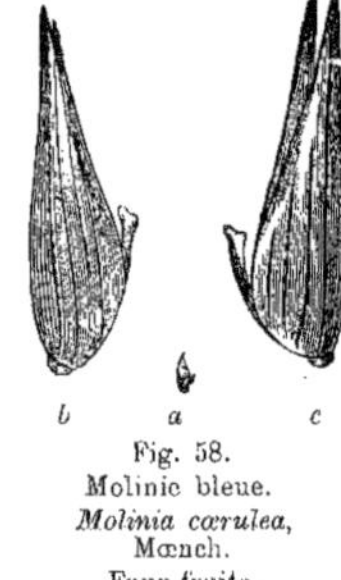

Fig. 58.
Molinie bleue.
Molinia cœrulea,
Mœnch.
Faux-fruits,
vus latéralement.
a. grandeur naturelle.
b. et *c*. grossis 8 fois.

Il arrive aussi que les petits fruits tamisés de la molinie bleue, *Molinia coerulea*, Mœnch (fig. 58), sont mélangés aux semences de la crételle des prés. Ils sont lisses, également colorés en jaune-paille rougeâtre, moins acuminés, élargis et ventrus à leur partie inférieure; la glumelle intérieure est souvent un peu saillante sur l'extérieure.

Qualité. **Semis et semence.** Une bonne marchandise doit avoir au moins 90% de semences pures, dont 60% capables de germer = 54% de semences pures douées de la faculté germinative. Un kilo de semence pure renferme en moyenne 2,500,000 grains; 1 hec-

Quantité. tolitre pèse de 25 à 40 kilogrammes, soit en moyenne de 32 à 34 kilogrammes. On sème 28 kilos par hectare = 1512 centièmes de kilo, ou 10 kilos par arpent = 540

Mélanges. centièmes de kilo. Toutefois on ne sème la crételle à l'état pur que pour en récolter la semence ou pour créer des gazons d'ornement permanents. Elle est très-appropriée à ce dernier but, parce que, semée dru, elle forme un gazon bas et compacte. Comme fourrage, on ne l'emploie que comme herbe basse en mélanges, tant pour pâturages que pour prairies à faucher. Elles est tout particulièrement propre à former des prés permanents, mais elle peut aussi rendre de bon services en pâturages et prés temporaires, avec assolement de 4 à 6 ans. En pâturage, elle se multiplie d'elle-même par semences.

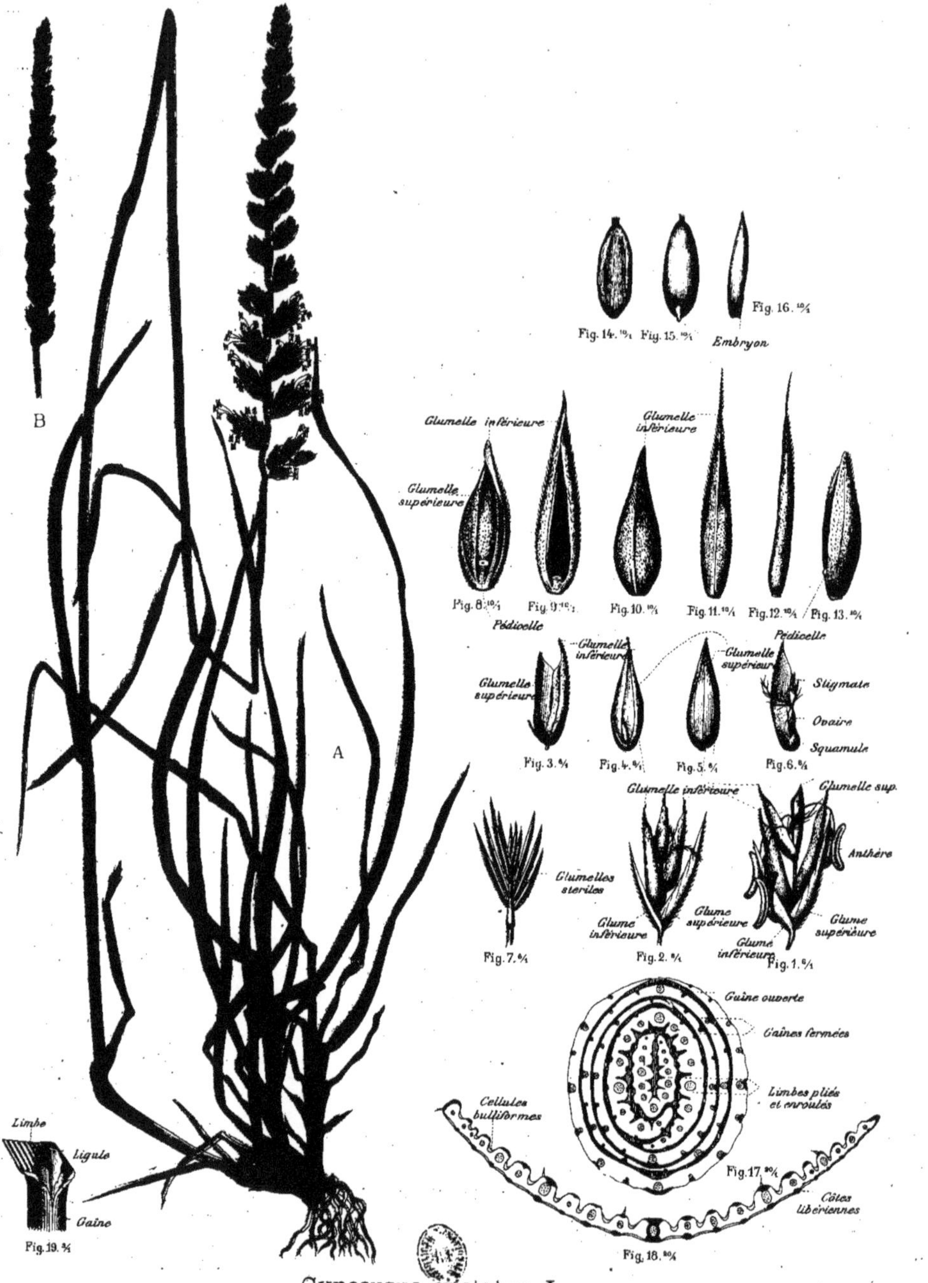

Cynosurus cristatus, L.

Crételle des prés.

C. & L. Schröter ad. nat. del.

C.D. Lith. Coopérative, Zur

Explication de la planche 25.

Fig. A. La plante entière, en floraison.
» B. Faux-épi, avant la floraison.
» 1. Epillet en fleur.
» 2. Epillet après la floraison.
» 3. Une paire de glumelles, vue de profil.
» 4. La même, vue de la glumelle supérieure.
» 5. La même, vue de la glumelle inférieure.
» 6. Glumelle supérieure, avec les squamules et l'ovaire.
» 7. Epillet stérile.
» 8. Faux-fruit (court et épais) } vu de la face ventrale.
» 9. Faux-fruit (long et mince) } vu de la face ventrale.

Fig. 10. Le même que 8 } vu de la face dorsale.
» 11. Le même que 9 } vu de la face dorsale.
» 12. Le même que 9 } vu de profil.
» 13. Le même que 8 } vu de profil.
» 14. Caryopse, vu de la face ventrale.
» 15. Caryopse, vu de la face dorsale.
» 16. Caryopse, vu de profil.
» 17. Coupe transversale d'une pousse latérale (1 gaîne ouverte, 2 gaînes fermées et 2 limbes).
» 18. Coupe transversale d'une feuille caulinaire.
» 19. Ligule.

XXVI. Le Galéga.

Galega officinalis, L.

Famille des Légumineuses.

Cette espèce est le Galéga officinal des botanistes et son nom spécifique signifie qu'elle a été employée autrefois dans les officines des apothicaires. Vulgairement elle s'appelle Herbe ou Rue des chèvres, Lavanèse, Faux-Indigotier, etc. Dénomination.

Elle a été cultivée très anciennement comme plante médicinale (contre la peste, suivant Haller); comme plante fourragère, elle fut recommandée en Allemagne dès 1773 par *Krause* et 1796 par *Moser*, et, plus tard, souvent par d'autres encore, sans que dans ce pays la culture en soit devenue de quelque importance. Histoire.

Le galéga est une espèce fourragère excellente pour des situations chaudes et abritées, dont le sol soit profond, même en étant sec et maigre. Dans celles qui sont peu abritées il dépérit bientôt, et c'est pourquoi la culture ne s'en est pas développée en Allemagne, tandis que dans certaines vallées bien protégées de la Suisse méridionale, notamment dans le Valais, les Grisons et le Tessin, il est dans le cas d'être d'une grande utilité pour des terrains où l'on ne peut transporter du fumier et dans lesquels il dure très longtemps. Valeur agricole.

Description botanique. Racine pivotante, épaisse et napiforme, qui descend très bas et est sous terre le prolongement direct de la tige de la première année. De l'aisselle des feuilles radicales il sort des pousses latérales, qui deviennent des tiges secondaires, soit déjà dans la première année soit seulement dans la deuxième. Celles-ci prenant immédiatement une direction verticale, il se fait que toutes les pousses de la souche se tiennent ensemble en une touffe compacte. Description botanique.

Tiges de 1^m à $1,_5^m$, dressées, cylindriques, fistuleuses, très ramifiées. Feuilles imparipennées: rachis sillonné en dessus, à 4–8 paires de folioles opposées, arrondies dans les feuilles radicales et oblongues-lancéolées dans les caulinaires, terminées en un mucron subulé assez long (fig. A), à bords ciliés de poils argentés, à face supérieure d'un vert foncé et mat, à face inférieure claire et luisante et faiblement garnie de poils apprimés. Feuilles radicales pouvant atteindre une longueur de 35^{cm}, à base élargie en forme de gaîne, colorée de rouge; feuilles caulinaires à stipules semisagittées, dont les pointes sont longuement acuminées. Dans la préfoliaison les folioles sont simplement pliées en deux sur la nervure médiane.

Inflorescence en grappe axillaire, lâche, longuement pédonculée, dépassant la feuille à son plein développement (fig. A); pédicelles naissant à l'aisselle d'une bractée subulée, qui persiste jusqu'à la maturité du fruit: ces bractées, en se recouvrant et embrassant les fleurs forment une sorte de houppe au sommet de la grappe.

Fleurs longues d'environ 11^{mm}, d'un violet clair ou tout à fait blanches; même chez les fleurs violettes, les ailes et la carène sont toujours de nuance très claire. Calice campanulé, long de 5^{mm} (fig. 2), à tube conique et parcouru de 10 nervures, à 5 dents subulées et légèrement pubescentes, de la longueur du tube. Etendard à onglet court, large, renfermé dans le tube du calice, à limbe arrondi, atténué insensiblement en onglet, émarginé, caréné sur la nervure médiane, replié en dessus à angle droit et à bords relevés (fig. 1). Ailes à onglet étroit, portant sur la carène au moyen d'un appendice dirigé en arrière et ayant en avant de celui-ci une dépression qui emboîte exactement dans une autre de la carène, de sorte que si les ailes sont tirées en bas la carène l'est également, et que, l'effort cessant, ces organes reviennent d'eux-mêmes à leur position normale (fig. 4). Carène à pétales soudés par le bord intérieur du limbe dans toute leur longueur, excepté à la base de l'onglet et à leur extrémité recourbée en bec (fig. 5). Etamines 10, à filets soudés en tube parfait jusqu'au milieu de leur longueur; à partir de ce point celui de l'étamine postérieure devient libre et fait que le tube présente une fente supérieurement (fig. 6). Extrémités libres des filets et anthères renfermées dans le bec de la carène. Pistil à ovaire étroit et long, à style filiforme et recourbé en dessus, et à stigmate petit, capité, dépassant les anthères (fig. 7). — Il n'a pas été publié d'observations sur ces fleurs quant à la sécrétion du nectar et au butinage des insectes.

Gousse brun-foncé, polysperme, linéaire-allongée, presque cylindrique, légèrement étranglée entre le graines et présentant par là des bosselures peu apparentes (fig. 8, 9); longueur de $15—37^{mm}$ et diamètre de $2—2^1/_2{}^{mm}$. Sutures ventrale et dorsale sous forme de fines nervures longitudinales, desquelles partent, sous un angle très-aigu et en se dirigeant vers le sommet de la gousse, des stries fines et rapprochées, qui se croisent sur le milieu des valves à angle également très aigu (fig. 9). Graines 3—7, d'un brun grisâtre et clair, anguleuses, réniformes, longues de 4, larges de 3 et épaisses de $1^1/_2{}^{mm}$; au centre déprimé de la face ventrale se remarque le hile arrondi (fig. 10, 11).

Variétés. **Variétés.** Dans les jardins il se cultive comme plantes d'ornement des variétés de Galéga officinal à fleurs blanches ou rougeâtres. Agricolement elles sont de valeur égale.

Distribution géographique. **Habitat, climat, sol, engrais.** Le galéga est indigène dans les régions du S. E. de l'Europe, mais ayant été longtemps cultivé dans l'Europe centrale en qualité de plante pharmaceutique, il a fini par s'y naturaliser çà et là, comme dans l'Allemagne, la France, la Suisse.

Stations. Limites d'altitude. A l'état sauvage, il recherche toujours les lieux riches en humus, le long des haies, dans les broussailles, à la lisière des bois et sur les prés, mais de manière à être protégé contre la froidure. La plante spontanée ne se rencontre que dans la plaine.

Climat. Le galéga exige une situation abritée, parce que, dans les hivers rigoureux, il est fort sujet à se déchausser, si tant est qu'il ne périsse du froid; mais on peut, à quelque degré, parer à ces inconvénients en le recouvrant avec du fumier long ou des fanes de pommes de terre. Son enracinement très-profond fait qu'il résiste bien à la sécheresse.

Sol. Il ne prospère que dans une terre profonde, dont le sous-sol ne soit pas mouillé, et par conséquent il est en cela presque du même tempérament que la luzerne; mais il n'est pas aussi difficile que celle-ci en matière d'engrais et peut être cultivé même dans les terrains les plus chauds.

Epuisement du sol. D'après nos propres analyses 1000 kg. de foin tirent du sol 27.3 kg. d'azote et 71.8 kg. de substances minérales, qui sont les suivantes:

Acide phosphorique	8.9 kg.	Chaux	14.3 kg.
Potasse	25.4 »	Magnésie	2.8 »
Soude	2.0 »	Acide sulfurique	3.4 »

Silice 8.9 kg.

Engrais.

Il faut remarquer ici qu'une plante qui s'enracine si profondément tire ces substances en grande partie du sous-sol et que, par conséquent, elle n'est guère exigeante en fait d'engrais.

Végétation. *Développement.*

Végétation, rendement et valeur fourragère. Le galéga pousse, suivant la nature du sol, des tiges hautes de 2 à 5 pieds et richement feuillées. Son tallage est extrêmement touffu quand les plantes sont espacées, mais il l'est beaucoup moins dans le cas contraire. Après chaque coupe, les bourgeons de la base des tiges poussent vite et en produisent de nouvelles. Semé au printemps, le galéga donne dès la première année une ou deux coupes, parce qu'il se développe assez vite. Dans un semis fait, le 4 mai 1882, sur notre champ d'essai, il vint à fleur déjà le 21 juillet, et il put, dans la même année, être coupé deux fois. Au printemps il pousse un peu plus tard que l'esparcette et la luzerne. Cette année-ci (1883) il fleurit à la fin de juin, mais donna alors un coupe très-abondante. Il est plus prompt à repousser que l'esparcette, mais pas autant que la luzerne, et il fournit deux coupes, dont la seconde est presque aussi copieuse que la première, parce que, comme pour celle-ci, il pousse des tiges qui portent des fleurs. Il importe de ne pas faire la seconde coupe trop tard dans l'automne, mais si possible, encore en septembre, afin que les plantes puissent, avant l'hiver, recroître quelque peu et se mettre en état de mieux résister aux gelées.

Récolte.

Il faut toujours couper ces plantes quand les premières grappes viennent à fleurir, car, pendant que la floraison passe, les tiges durcissent et ne sont plus mangées volontiers du bétail. Jusqu'à la fleur, elles restent molles et succulentes. On en fait du fourrage vert, parce qu'il est difficile de les sécher et que d'ailleurs elles deviendraient dures et perdraient beaucoup de feuilles. Dans les expositions chaudes et sur des terrains qui ne peuvent être fumés, le produit du galéga n'est pas inférieur à celui de la luzerne, surtout s'il est cultivé en lignes et qu'autour des pieds le sol puisse être pioché et sarclé.

Valeur fourragère.

A l'état vert et avant qu'il ne soit en fleurs, le galéga se mange avec beaucoup d'appétit, et alors la valeur fourragère en est considérable. 100 kg. de cette plante, en la prenant à l'état de foin, soit avec 14 % d'eau, contiennent 78,$_7$ kg. de matières organiques, qui sont les suivantes:

Substances azotées (Azote $\times$ 6.$_{25}$)	17.$_1$ %
(Azote dans l'albumine 1.$_{50}$ %, azote dans le suc privé d'albumine 1.$_{11}$ %.)	
Graisse	1.$_4$ »
Fibre végétale	34.$_1$ »
Matières extractives non azotées	26.$_1$ »

Le galéga sec est donc beaucoup plus riche en albumine (de 4.$_5$ %) que le foin de trèfle de moyenne qualité; il est aussi plus riche en fibre ligneuse tandis qu'il l'est moins en graisse et en matières extractives non azotées. Il s'en suit que cette plante constitue un fourrage très-nutritif.

Du même champ l'on a eu, le 4 août 1882, à la première coupe après le semis, 78.$_2$ % de matière sèche, consistant en:

Albumine	12.$_2$ %
(Azote dans l'albumine 1.$_{44}$ %; dans le suc privé d'albumine 0.$_{51}$ %.)	
Graisse	1.$_8$ »
Fibre végétale	38.$_3$ »
Substances extractives non azotées	30.$_6$ »

Récolte. **Récolte, impuretés et falsifications de la semence.** Le galéga produit beaucoup de graines et elles sont faciles à recueillir. Il est vrai qu'elles mûrissent un peu inégalement, mais comme elles ne sont guère sujettes à tomber, on peut attendre de couper les pieds jusqu'à ce que les dernières gousses soient arrivées à maturité. Lorsque les plantes sont séchées, on extrait les graines par un battage. Elles ne présentent des impuretés que rarement et je n'ai pas connaissance qu'elles soient falsifiées quelquefois.

Qualité. **Semence et semis.** Une bonne semence doit avoir 98% de pureté et 32% de faculté germinative, et ici l'on a admis que la seconde de ces propriétés s'est conservée dans un tiers *) des grains restés durs: il s'y trouve donc 31.4% de graines pures et capables de germer. Un kilogramme de semence pure se compose de 150,000 grains. On sème par hectare 25 kilos ou 785 centièmes de kilo, et par arpent 9 kilos ou 283 centièmes de kilo. Chez MM. Vilmorin-Andrieux & Cie, à Paris, le prix de cette semence est de fr. 2 le kilo, de sorte qu'il en faudrait à l'hectare pour fr. 50 et à l'arpent pour fr. 18. Le semis doit se faire au printemps, et il est mieux de ne pas le mettre dans une céréale. Cette semence peut être enterrée plus bas que celle de la luzerne, parce qu'elle est à grains plus gros. Le galéga est toujours semé pur, sans mélange de graminées, car celles-ci le feraient vite périr. Ainsi qu'à la luzerne, il lui est préjudiciable d'être envahi de mauvaises herbes: c'est pourquoi, en certaines circonstances, il conviendrait de le cultiver en lignes, de manière à pouvoir être bien sarclé, et alors le rendement serait le plus grand. Dans les jardins cette plante se prête fort bien à garnir des treillages ou à encadrer des groupes d'arbustes.

D'après les essais faits par *Hugo Werner* au champ d'expériences de Poppelsdorf, le galéga d'Orient (*Galega orientalis*, Lmk.), qui est originaire du Levant, se développe plus vite au printemps et la plante est plus herbacée que le galéga officinal, mais n'atteint pas toute la hauteur de cette dernière espèce.

Explication de la planche 26.

Fig. A. Sommité d'une tige fleurissante.
» 1. Fleur vue latéralement.
» 2. Calice.
» 3. Fleur après ablation du calice et de l'étendard.
» 4. Aile.
» 5. Carène et organes reproducteurs.
Fig. 6. Organes de la reproduction.
» 7. Pistil.
» 8. Gousse fermée vue sur la suture dorsale.
» 9. Gousse vue latéralement.
» 10. Graine vue du côté du hile.
» 11. Graine vue de profil.

*) J'ai essayé deux lots de semence, l'une récente et l'autre âgée peut-être de trois ans. Au bout de 23 jours, la première présentait 12% de graines germinantes et 88% de grains durs, et la seconde 21% de graines germinantes, avec 21% de grains durs et 58% de grains pourris. Si donc, dans l'appréciation de la valeur utile, on ne tenait pas compte des grains durs, il s'en suivrait que dans la semence la plus vieille la proportion des bonnes graines serait plus forte que dans la récente. (Voyez une notice de *Kirchner* dans le Wurttemb. Wochenbl. f. Landw. 1888, nº 48).

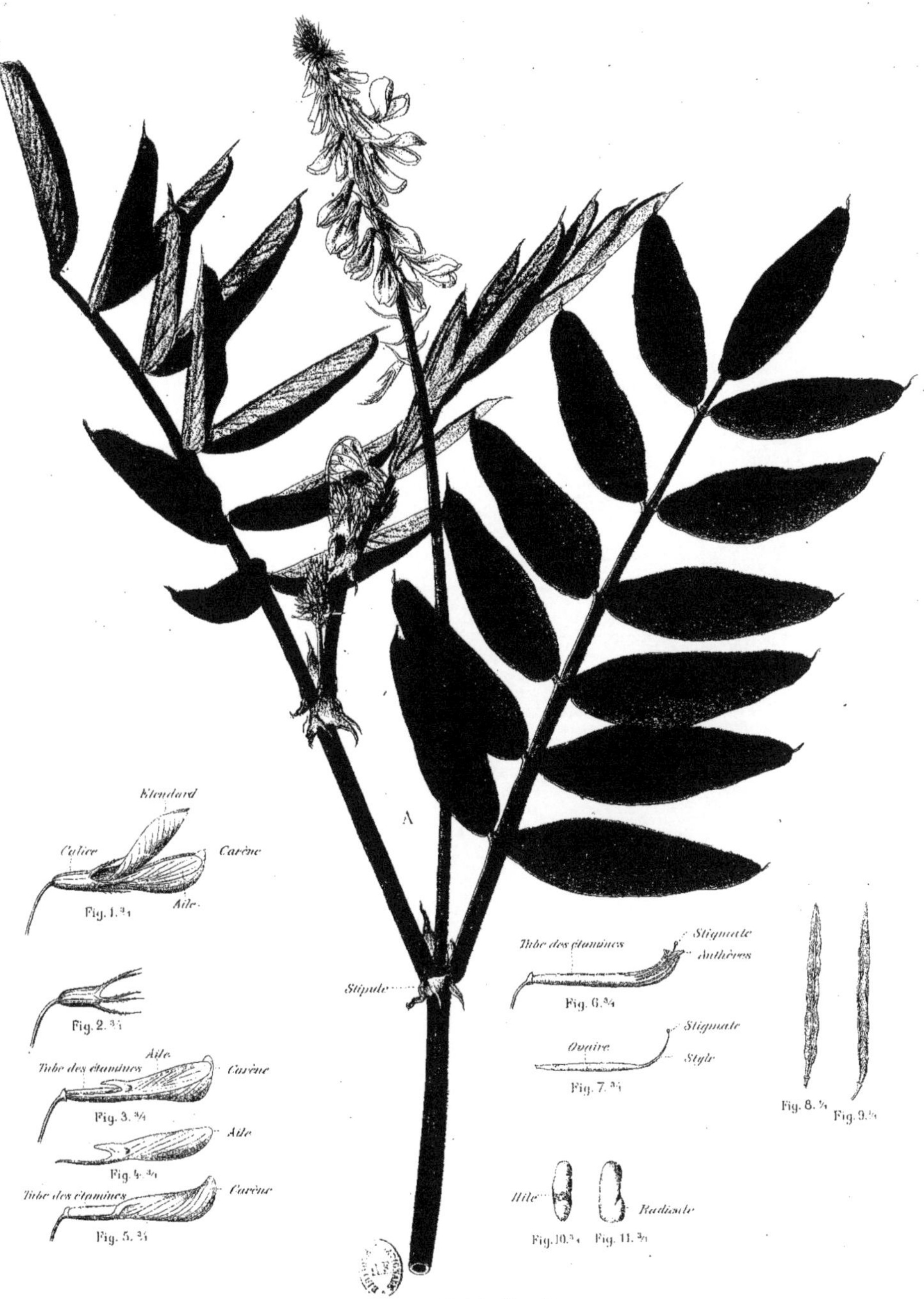

Galega officinalis, L.

Rue des chèvres.

C. & L. Schröter ad. nat. del.

c.d Lith. Coopérative, Zurich

XXVII. L'anthyllide.

Anthyllis Vulneraria, Linné.
Famille des Légumineuses.

Dénomination. Le français Anthyllide vulnéraire est la traduction exacte de son nom botanique latin, et vulgairement elle est désignée parfois sous ceux de Vulnéraire et de Trèfle jaune des sables.

Histoire. Cette espèce fourragère ne se cultive que depuis une trentaine d'années. D'après *Langethal*, un paysan nommé *Voigt*, l'ayant observée près Gross-Ellingen, dans l'Altmark (Prusse), en conclut avec raison que, dans une contrée où elle croissait à l'état sauvage, elle prospérerait encore mieux en étant cultivée dans les champs; sur cela, il en recueillit des graines et, après les avoir semées dans un sol sablonneux de médiocre qualité, mais qui avait été marné, il obtint une belle récolte. Il eut soin de continuer à cultiver une si bonne plante et ses voisins s'empressèrent de suivre son exemple. Puis cette culture se répandit aussi dans les régions sablonneuses du duché de Magdebourg, et c'est de là qu'en 1859 Langethal en reçut les premières nouvelles, avec une petite gerbe de ces plantes, longue de plus de deux pieds et demi. Depuis lors la culture de cette espèce fourragère s'est propagée en Allemagne plus loin au Nord et à l'Est, jusque dans la Poméranie postérieure, et Voigt, qui en avait signalé l'importance agricole, reçut du gouvernement prussien une rémunération considérable.

Valeur agricole. Actuellement, l'anthyllide, grâce à un tempérament qui se contente de peu, est devenue, dans l'Allemagne du Nord, une plante fourragère très-précieuse pour les terrains médiocres, dans lesquels les trèfles rouge et blanc ne peuvent plus être cultivés et où la serradelle et le lupin jaune ne donnent que des produits faibles ou incertains. Elle s'accommode aussi mieux d'elle-même que les trèfles, et, par conséquent, ses récoltes peuvent se succéder sur le même champ à de courts intervalles. Elle est d'un rendement très-sûr bien que peu abondant, et comme elle n'est guère sensible aux influences atmosphériques, il est rare que la récolte en soit manquée. En été et pour l'affourragement à l'étable, elle remplit la lacune entre la première et la deuxième coupe du trèfle rouge. Elle est cultivée soit pour être fauchée soit pour être broutée. Comme plante fauchable, elle ne reste d'ordinaire en exploitation qu'une seule année, mais quand elle est en mélange avec d'autres espèces fourragères, on la laisse plus longtemps. En pâture, sa durée est de trois à quatre ans. Comme elle est très-fréquente dans les Alpes, où elle prospère bien et est volontiers broutée du bétail, il serait bon d'en recommander aussi le semis dans ces montagnes.

Description botanique. **Description botanique.** Le tallage de cette Légumineuse se fait par des pousses latérales, qui proviennent de bourgeons de l'aisselle des feuilles radicales. Ces pousses commencent par être souterraines, et après avoir avancé sur un certain espace dans une direction horizontale ou ascendante, elles s'élèvent et se développent en tiges aériennes. Il en résulte une souche ramifiée, à têtes nombreuses, avec des rameaux courts et épais, qui se subdivisent également. Tiges de 2 à 4 décimètres, dressées ou étalées, plus ou moins pubescentes, peu feuillées ordinairement. Feuilles imparipennées, à foliole terminale beaucoup plus grande que les latérales, qui sont opposées, et celles-ci avortent souvent dans les feuilles radicales, qui ne consistent alors qu'en la foliole terminale très-longuement pétiolée (fig. A). Folioles d'un tissu ferme, glabres (sauf la terminale des feuilles radicales, qui est revêtue en dessous de poils courts et serrés), à nervure moyenne seule apparente, les secondaires étant cachées dans le parenchyme. Stipules petites et lancéolées.

Fleurs nombreuses, réunies au sommet des tiges en un ou deux et rarement trois glomérules, munis à leur base de bractées palmées. Calice tubuleux-renflé, pubescent-blanchâtre, recouvrant les deux tiers de la corolle, presqu'à deux lèvres, hors desquelles saillit le sommet des pétales (fig. A et 1); ceux-ci sont jaunes, excepté dans une variété qui les a rougeâtres tout entiers ou seulement à l'extrémité de la carène. Etendard peu apparent, à onglet étroit et à limbe obliquement dressé, celui-ci embrassant presqu'entièrement la partie antérieure des ailes par ses bords et les deux lobules de sa base (fig. 2, 3). Ailes très-adhérentes à la carène au moyen de dentelures et de replis étroitement articulés, de façon que, si les ailes sont abaissées le mouvement se communique aussi à la carène (fig. 4, 5). Etamines monadelphes: les filets de toutes les dix soudés en un long tube, renflés en massue à leur extrémité libre et cachés dans le bec de la carène; ici, en arrivant tous à la même hauteur, ils obstruent le calibre de la carène et laissent un vide au-dessus d'eux, dans lequel s'amasse le pollen et où se trouve aussi logé le stigmate, qui dépasse les anthères (fig. 6). Pistil avec un ovaire court, porté sur un pied assez long, ordinairement bi-ovulé, et un style filiforme, allongé, genouillé et renflé au milieu, tourné en haut et terminé par un stigmate en tête arrondie (fig. 7). Nous devons aux observations d'*Herm. Müller* *) de savoir ce qui se passe dans ces fleurs sous l'action du butinage des abeilles. L'insecte en s'efforçant d'introduire sa trompe entre l'étendard et les ailes afin de sucer le nectar, s'accroche aux ailes et son poids les abaisse; mais, par suite de la connexité entre ces pétales et la carène, celle-ci descend également. Alors les extrémités des filets des étamines, qui sont raides et épaisses, agissent à la manière d'un piston de pompe et poussent hors de la carène, comme une sorte de petit boyau, le pollen qui était amassé dans son bec et qui va se coller à la face abdominale de l'insecte. Le stigmate finit aussi par saillir de la carène et peut alors recevoir du pollen, soit de sa propre fleur soit d'une autre. Il n'a pas été prouvé qu'ici la fécondation ne s'opère que par du pollen étranger, et que, par conséquent, il est indispensable que la fleur soit visitée par des insectes.

Le fruit est renfermé dans le calice marcescent, vésiculeux, à lèvres conniventes et ordinairement couronné encore par les pétales desséchés (fig. 8). Cet état vésiculeux du calice est propre à aider la dissémination des graines en ce que la gousse est ainsi plus facilement emportée par le vent. Gousse portée sur un pied long de 3^{mm}, filiforme, courbé et aboutissant au quart inférieur de la suture ventrale; ovale, comprimée, à bord tranchants et à surface finement réticulée, terminée par un bec courbé (fig. 9, 10). Graine unique ordinairement, ovoïde, un peu aplatie, luisante, bigarrée de jaune et de vert, avec une légère dépression près du hile, qui est arrondi (fig. 11, 12).

Variétés. Les principales variétés sont celles qu'a distinguées *Hegetschweiler* dans sa Flore de la Suisse (*Flora der Schweiz*, 1840). 1° *Anthyllis Vulneraria* var. *alpestris*, Heg., à tiges peu feuillées et à fleurs souvent d'un jaune blanchâtre (notamment dans la région transalpine), montant très haut dans les Alpes (au Lüner-See, dans le Vorarlberg, jusqu'à 2100^{m}, et sur l'Albula jusqu'à 2400^{m}), et qui est généralement une des plantes les plus utiles des pâturages de nos montagnes; 2° *Anthyllis Vulneraria* var. *rubriflora*, Heg., à fleurs plus ou moins rougeâtres, mais semblable du reste à la variété précédente, et qui habite surtout dans la région transalpine (Zermatt; Corni di Canzo, dans la province de Côme). Plusieurs auteurs réunissent ces deux variétés en une espèce dite *Anthyllis Dillenii*, Schultes, mais il n'est guère possible de la distinguer de l'*A. Vulneraria*.

Distribution géographique. **Habitat, climat, sol, engrais.** L'anthyllide vulnéraire est indigène: dans toute l'*Europe*, à l'exception de la plus grande partie de la Laponie, de la Finlande et du Nord de la Russie; en *Afrique*, dans l'Algérie, sur l'Atlas et dans l'Abyssinie; en *Asie*, dans le Caucase, la Géorgie et la majeure partie de l'Asie mineure. Elle manque à l'Amérique.

Stations. Elle se trouve à l'état sauvage sur les prés et les pâturages, aux bords des chemins, à la lisière des champs et des bois, sur les coteaux arides, en général aux expositions chaudes et dans les lieux secs, surtout s'ils ont un sous-sol calcaire ou marneux, et elle monte jusqu'aux dernières hauteurs de la région alpine. Son abondance est l'indice d'un terrain très-calcaire.

Limites d'altitude. Les deux variétés mentionnées ci-dessus se rencontrent jusqu'à la ligne des neiges éternelles: ainsi sur l'Albula, près du Lüner-See et au col de Buffalora (2100^{m}).

---

*) *Befruchtung der Blumen durch Insekten.* (De la fécondation des fleurs par le moyen des insectes). 1880, p. 232.

L'anthyllide est aussi insensible à la froidure de l'hiver qu'à la sécheresse de l'été. Il est rare qu'elle se déchausse pendant l'hiver, et elle ne le fait même pas dans les terres exposées au nord. Pendant que les trèfles ne supportent pas d'être semés en automne, l'anthyllide ne souffre point de cela et ne laisse pas de très-bien passer la mauvaise saison suivante. Elle résiste à la sécheresse aussi bien que la fétuque ovine, mais dans les sols arides ses feuilles deviennent plus velues. Climat.

Elle peut encore être cultivée avantageusement dans les terres qui sont trop légères pour le trèfle rouge. Elle prospère même dans de médiocres sols sablonneux, où le trèfle blanc ne végète plus, pourvu qu'ils aient été marnés et reçu quelque engrais. On peut en général la cultiver en tout terrain chaud, de marne, limon, sable ou calcaire, s'il a été fumé tant soit peu et n'est pas en couche trop peu profonde. Cependant la culture n'en est à recommander que là où les trèfles rouge et blanc ne réussissent plus. Quant aux terrains froids et mouillés et au sol tourbeux, cette plante ne saurait y végéter. Sol.

D'après les analyses de Wolff 1000 kg. de foin tirent du sol: Epuisement du sol.

Azote	$22._8$ kg.	Magnésie . . .	$2._2$ kg.
Acide phosphorique .	$4._4$ »	Chaux . . .	$33._7$ »
Potasse . . .	$12._3$ »	Acide sulfurique .	$1._0$ »
Soude	$1._3$ »	Silice . . .	$1._5$ »

Suivant nos propres recherches, 1000 kg. de foin enlèvent du sol $20._5$ kg. d'azote et $90._2$ kg. de substances minérales, ainsi composées:

Acide phosphorique .	$2._2$ kg.	Chaux . . .	$24._9$ kg.
Potasse . . .	$25._4$ »	Acide sulfurique .	$2._8$ »
Soude . . .	$1._1$ »	Silice . . .	$16._2$ »
Magnésie . . .	$3._0$ »		

Il appert de ces chiffres que l'anthyllide a besoin de beaucoup de chaux. La plante, il est vrai, est peu exigeante relativement au terrain, mais elle veut toutefois qu'il ait subi quelque préparation et elle ne se contente pas d'une couche arable pauvre et dénuée de fumier, quoique sa souche robuste et enracinée profondément lui tire du sous-sol une partie assez considérable de ses éléments nutritifs. La fumure directe ne lui est d'ordinaire pas avantageuse, et il faut donc que la culture en succède à une récolte fumée, parce qu'alors les jeunes plantes ont lieu de se développer bien vigoureusement et de se faire un tallage multiple. Les sols pauvres en calcaire gagnent fort à être amendés pour elle par le marnage. Engrais.

Végétation, rendement et valeur fourragère. La tige de l'anthyllide est ascendante ordinairement, mais elle est plus ou moins soit couchée soit dressée, suivant que les plantes sont écartées ou serrées, et, pour les avoir dans le dernier état, il importe de semer épais. Comme la souche s'élargit par des ramifications latérales et que celles de souches voisines finissent par s'entrecroiser, il résulte de là que le gazonnement qu'elles produisent est assez compacte. Les tiges sont rameuses et assez bien feuillées. Dans la première année il ne se forme que des feuilles simples et longuement pétiolées; mais les tiges ne se développent que dans la deuxième année et elles portent des feuilles composées. Si l'anthyllide a été semée dans une céréale, il ne s'en remarque pas grand'chose après la moisson de celle-ci, et ce n'est que dans des situations favorisées qu'il s'en trouve assez pour être pâturé. Mais il est mieux de ne pas la faire brouter, car alors elle est en meilleure condition pour passer l'hiver et taller convenablement. Végétation. Développement.

Au printemps sa végétation commence en même temps à peu près que celle du trèfle rouge; mais, comme elle est un peu plus lente à se développer, elle est aussi plus tardive à fleurir que celui-ci. Si l'on veut avoir deux coupes, il faut prendre la première avant la fleur; mais quand on n'en fait qu'une et qu'on laisse le regain comme pâture, il est plus avantageux, ainsi que la pratique l'a démontré, de faucher pendant que la plante est en pleine floraison. Dans ce dernier cas il ne repousse que des feuilles et non pas des tiges. Si la première coupe est remise à plus tard, on peut au printemps commencer par faire pâturer sans que par là le rendement soit compromis.

Récolte.

Le séchage de l'anthyllide s'opère de la même manière que celui du trèfle rouge. Il arrive souvent un grand déchet dans le produit, par suite de la quantité de feuilles qui se perdent ou pour avoir été fort trempé de pluie. Cette perte peut être fort considérable, comme on le voit par les résultats suivants d'analyses de deux lots de foin, l'un engrangé à l'état sec et l'autre ayant subi sur le pré trois semaines de pluies.

Suivant *A. Beyer,* 100 kg. de matière sèche contenaient:

	n'ayant pas reçu la pluie.	ayant reçu la pluie.
Substances azotées	11.9 %	8.7 %
Graisse	3.2 %	1.0 %
Fibre ligneuse	36.2 %	39.9 %
Substances extractives non azotées	42.6 %	45.7 %
Minéraux	6.1 %	4.7 %
	100.0 %	100.0 %

On voit que les substances azotées et la graisse avaient diminué considérablement sous l'action de la pluie.

Rendement.

Le rapport en foin varie beaucoup d'après le terrain. *Werner* estime qu'un semis pur l'anthyllide donne 120—200 quintaux dans un bon limon sableux et marneux, 80—120 quintaux dans un bon sol sablonneux, léger et calcaire, 40—60 quintaux dans un sol pauvre, de sable ou de gravier, soit, en moyenne, 90 quintaux par hectare. Suivant *Langethal,* le produit de l'hectare est de 60 à 80 quintaux. *G. Schulze-Sammenthin* n'a pas obtenu des plus mauvais terrains moins de 48 quintaux, pendant que ceux de meilleure qualité lui ont rendu jusqu'à 100 quintaux.

Valeur fourragère.

D'après les analyses de *Wolff,* 100 kg. de foin contiennent 79.4 % de matière organique, ainsi composée:

Substances azotées	14.2 %	dont la partie assimilable est de	8.2 %
Graisse	2.6 %	»	1.4 %
Fibre ligneuse	26.3 %	»	36.8 %
Substances extractives non azotées	36.3 %		

Proportion des éléments nutritifs 1 : 4.9.

Cette proportion est plus grande que celle d'un foin de trèfle rouge de moyenne qualité.

D'après nos propres recherches le foin contient 76.7 % de matière organique, avec la composition suivante:

Substances azotées (Az $\times$ 6.25)	12.8 %
(Azote dans l'albumine 1.29 %, dans le suc privé d'albumine 0.75 %)	
Graisse	1.9 »
Fibre végétale	36.4 »
Substances extractives non azotées	25.6 »

Ce fourrage est mangé avidement des moutons et des chèvres ainsi que des bêtes à cornes, et il exerce un effet astringent, ce qui doit certainement être attribué à sa richesse en tannin. Quant aux chevaux, ils ne le prennent pas volontiers. Le bétail n'en est point météorisé.

Récolte.

Récolte, impuretés et falsifications de la semence. La semence d'anthyllide se recueille déjà pendant la première année de l'exploitation. Il importe en cela de saisir le juste moment, car si l'on coupe trop tôt il est difficile au battage d'extraire les graines, et si l'on diffère trop longtemps, elles tombent et se perdent en grande partie. Elles mûrissent ordinairement pendant la première quinzaine d'août. On coupe les plantes quand les gousses sont moitié noires, moitié vert foncé. Quant au reste, on procède de même que pour le trèfle rouge. Comme chez celui-ci, les fleurs fanées et les gousses qu'elles renferment se laissent aisément détacher par le battage, mais ce qui est très-difficile c'est de faire sortir les graines des gousses. Cela se fait mieux au moyen de machines à battre, munies d'égrugeoirs à trèfle et surtout avec les appareils servant à égrener le trèfle, mais ces derniers sont d'un prix assez élevé. Cependant les graines sont semées aussi en restant renfermées dans la gousse et celle-ci étant même recouverte encore des enveloppes florales (calice et corolle).

Rendement.

Werner estime le produit en semence, par hectare, à 8—16 quintaux, et, en moyenne, à 10 quintaux.

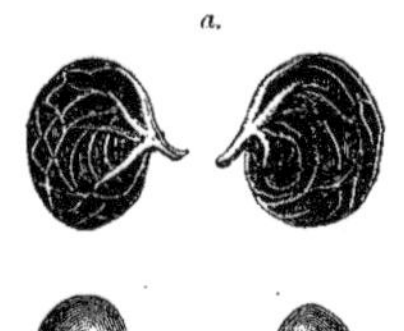

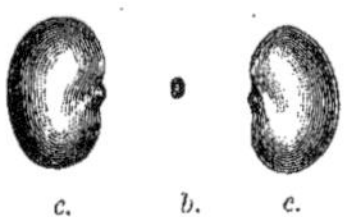

Fig. 59.

Lupuline.

Medicago Lupulina, L.

a. Gousses avec le calice, grossies 7 fois.

b. Graine en grandeur naturelle.

c. Graine grossie 7 fois.

Impuretés et falsifications.

A ces graines, qui d'un côté sont vertes et jaunes de l'autre, se trouvent mêlées très-souvent celles de la lupuline (*Medicago lupulina*, L.); mais ces dernières se reconnaissent à ce qu'elles sont plus menues, jaunes-verdâtres et ont la radicule saillant sous forme d'une petite pointe. Quant à la semence pure, c'est de Berlin ou de Breslau qu'on est le plus sûr d'en avoir.

Qualité.

Semence et semis. Une bonne marchandise doit contenir 95% de graines pures, desquelles 90% possèdent la faculté germinative, ce qui fait que la proportion des graines vraies et capables de germer est de $85._5$%. Le kilo de semence pure se compose de 300,000 à 400,000 grains. L'hectolitre pèse 74—80 kilos.

Quantité.

On sème, par hectare, 20 kilos ou 1710 centièmes de kilo, et, par arpent, $7._5$ kilos ou 641 centièmes de kilo. Si la semence est en gousses, il faut à l'hectare 25 kilos, puisque 100 kilos de gousse donnent 80 kilos de graines; et, si les gousses sont encore revêtues de leurs enveloppes, on ne prend pas moins de 133 kilos, puisque, dans 100 kilos de gousses enveloppées du calice et de la corolle, il n'y a que 15% de graines.

Semis.

L'anthyllide se sème le mieux dans une céréale, seigle ou avoine, laquelle succède à une récolte sarclée qui a été fumée. Si le seigle a été semé de bonne heure en automne, notre plante y est ajoutée dans la même saison; au cas contraire, on la met au printemps, le plus tôt possible, soit de la fin de mars au commencement d'avril. Pour ce qui concerne la préparation du sol, le procédé du semis et le recouvrement des graines, nous renvoyons à ce qui a été dit du trèfle rouge.

Mélanges.

L'anthyllide vaut moins en semis pur que mêlée avec d'autres espèces fourragères: elle est propre surtout à entrer dans des mélanges de trèfles et de graminées, ainsi que pour les prairies et les pâtures temporaires, où on l'associe à la fétuque ovine, au timothy, à la lupuline, au trèfle blanc, au brome des prés, et, en certaines circonstances favorables, aussi au fromental. Un tel mélange est plus productif et plus durable qu'un semis pur.

Cultures subséquentes.

Comme la souche de l'anthyllide est très-rameuse et enracinée profondément, cette plante l'emporte même sur le lupin jaune par la masse des restes qu'elle laisse dans la terre. Suivant *Werner*, il se trouve dans un champ défriché et jusqu'à la profondeur de 26cm:

	Anthyllide.	Lupin.
Résidus de racine (privés d'eau)	5597 kg.	3943 kg.
En quoi: Azote	114 »	70 »
Substances minérales	1090 »	616 »
Ces dernières comprennent:		
Acide phosphorique	27.1 »	15.6 »
Potasse	29.1 »	19.1 »
Soude	6.6 »	4.1 »
Magnésie	20.1 »	13.6 »
Chaux	152.3 »	90.1 »

Il s'en suit que par la culture de l'anthyllide la couche arable est améliorée considérablement. Elle est donc excellente pour précéder celle du colza et de la navette, car cette plante a cela de bon encore qu'on la coupe assez à temps pour pouvoir semer la récolte subséquente à l'époque convenable. Elle est très-propre aussi à précéder les céréales.

Explication de la planche 27.

Fig. A. Plante entière fleurissante.
1. Fleur vue latéralement.
2. Fleur sans le calice.
3. Etendard vu du côté inférieur.
4. Aile.
5. Carène et organes reproducteurs.
6. Carène après ablation de son pétale antérieur.

Fig. 7. Pistil.
» 8. Calice fructifère.
» 9. Gousse vue latéralement.
» 10. Gousse vue sur la suture ventrale.
» 11. Graine vue de profil.
» 12. Graine vue du côté du hile

XXVIII. La Luzerne.

Medicago sativa, L.

Famille des Légumineuses.

Dénomination.

Cette plante est connue sous le nom de Luzerne, qui est même usité chez les Allemands, et souvent elle est qualifiée de Luzerne cultivée, bleue, commune, de Provence, de Poitou, etc., pour distinguer l'espèce de ses nombreuses congénères. Elle s'appelle encore Trèfle perpétuel, bleu, de Bourgogne, de Sicile, Foin de Bourgogne, Sainfoin et Sainfoin à fleurs violettes. Quant au mot de Luzerne, on n'a pas réussi jusqu'à présent à en déterminer l'origine exacte, mais il est certain qu'il n'a rien de commun avec la ville ou le canton de Lucerne, où cette espèce fourragère n'est cultivée que rarement. On a voulu la faire dériver d'une localité italienne, nommée *Clauserne* ou *Clausert*, d'où les Provençaux l'auraient introduite en France; mais c'est prouvé historiquement que ce pays l'a reçue d'Espagne. D'autres ont prétendu qu'il venait du celtique *luzu* ou *luzuen*, signifiant herbage. Les Catalans l'appellent *userdas*, d'où vient probablement le nom de *laouzerdo* que lui donnent les paysans du Midi de la France et qui a de l'analogie avec celui de *luzerne*.

Histoire.

La culture de la luzerne est très ancienne, puisqu'elle était connue déjà des Grecs et des Romains. En grec la plante s'appelait *Medicaï* et en latin *Medica* ou *Herba medica*, nom qui s'est con-

Anthyllis vulneraria, L.

Anthyllide vulnéraire.

C. & L. Schröter ad. nat. del.

C. D. Lith. Coopérative, Zurich.

servé en Italie (*erba medica*), parce que cette herbe avait été apportée de la Médie, pendant une guerre des Grecs contre les Perses, environ 450 ans avant l'ère chrétienne. En Perse elle se cultivait pour les chevaux de race des haras royaux. Déjà dans le deuxième siècle avant J.-C., la culture en avait commencé en Italie, et elle y prit beaucoup d'extension pendant les deux premiers siècles de notre ère. *Varron*, *Columelle*, *Virgile* et d'autres écrivains encore en font mention dans leurs ouvrages.

D'Italie la luzerne passa plus tard en Espagne. Par suite des ravages des Barbares cette culture fut fort compromise en Italie, et quelques auteurs prétendent même qu'elle cessa tout-à-fait. Il est vrai que le célèbre *Petrus de Crescentiis*, de Bologne, qui a vécu de 1235 à 1320, n'en parle point dans son ouvrage sur l'agriculture, mais *Targioni*, qui sur ce point ne pouvait se tromper, assure que depuis les temps anciens on n'avait pas discontinué de cultiver la luzerne en Italie, et particulièrement dans la Toscane. Suivant *Gallo* elle passa, en 1550, d'Espagne dans le Midi de la France. En 1565, elle fut introduite par *Clusius* dans la Belgique, notamment aux environs de Malines. A en juger d'après certains documents, elle fut apportée en Suisse de la France méridionale.

Valeur agricole.

La luzerne est pour le Midi de l'Europe la meilleure des plantes fourragères, parce qu'elle végète bien et donne un produit abondant sous un climat chaud et sur un terrain sec, soit en des conditions que le trèfle rouge ne pourrait supporter. Au printemps, elle peut être fauchée avant le trèfle rouge, et elle fournit dans la même année de deux à cinq bonnes coupes. Elle est capable de résister aux influences atmosphériques et donne un aliment très-propre à servir pendant l'été à l'affouragement à l'étable. Beaucoup de contrées doivent leur prospérité uniquement à cette plante. « Qu'en serait-il, demande *Sprengel*, de bien des parties du Palatinat, si l'on n'avait pas la luzerne? » D'après la nature du sol et du climat, sa durée varie de trois à vingt ans. Sous un climat chaud et dans une terre chaude et profonde, il n'est pas rare de voir des luzernières âgées de dix à quinze ans, et même de vingt à vingt-cinq, et dans lesquelles les plantes sont encore en bon état, tandis qu'elles finissent par disparaître au bout de trois ans, si les conditions leur sont défavorables. Dans ce dernier cas, il est mieux de renoncer à cette culture, qui n'est profitable que là où le champ se laisse exploiter durant cinq ou six ans. Ordinairement il est rompu après ce temps, et l'on fait suivre du froment dans la première année. On admet en général que la luzerne ne doit revenir sur le même champ que dans un délai qui soit au moins égal au temps qu'elle y était restée en exploitation précédemment. Mais cela dépend beaucoup du sous-sol : s'il est bon, la plante peut reparaître plus vite que s'il est de qualité moindre.

Description botanique.

Description botanique. La luzerne possède une racine pivotante, qui descend à une profondeur extraordinaire. Le tallage se fait au moyen de pousses latérales basilaires, qui prennent immédiatement une direction ascendante, de sorte que d'abord les parties aériennes forment une touffe compacte ; ce n'est que plus tard que certaines pousses robustes se développent souterrainement et font que la souche se divise en deux ou plusieurs branches (fig. B). Tiges de 30 à 90 cm, anguleuses, ramifiées, pubescentes ou glabres. Feuilles trifoliolées, éparses sur les tiges principales et distiques sur les rameaux, à folioles pubescentes, oblongues ou obovales, émarginées, denticulées-mucronées supérieurement ; stipules lancéolées-subulées, entières ou denticulées (fig. A). Fleurs bleuâtres ou violettes, disposées en grappes multiflores, oblongues, à pédoncules axillaires plus longs que la feuille. Calice campanulé, pubescent sur les nervures, à 5 dents subulées, glabres (fig. 1, *Kital*). Etendard recourbé en haut et légèrement caréné sur la ligne médiane. Ailes à onglet assez large, se prolongeant par la base du limbe en un appendice pointu et dirigé en arrière, qui s'étend sur la « colonne sexuelle » ou tube des étamines renfermant le pistil (fig. 2, *f.*), et ayant de plus, en avant de ce prolongement, un profond repli qui s'emboîte dans un repli correspondant des pétales de la carène, lesquels portent également sur la colonne sexuelle. Carène arrondie au sommet et non terminée en bec (fig. 3). Le tube formé par la soudure des filets de 9 étamines présente ceci de particulier que, quand il cesse, de la manière qui va être indiquée, d'être retenu dans la carène, il se courbe vers l'étendard avec beaucoup de force, en tirant avec lui le pistil qu'il renferme et en pressant contre l'étendard les anthères et le stigmate (fig. 3). D'après les observations de *Herm. Müller* ce mouvement est causé par une contraction des filets des étamines supérieures. — Le pistil consiste en un ovaire pubescent et pluriovulé et un style mince, recourbé en haut et terminé par un stigmate bilobé.

Voici maintenant ce qui, par suite d'un tel agencement des pièces de la corolle, se passe dans la fleur quand elle est visitée par des insectes. *H. Müller* a montré que la colonne sexuelle est ainsi retenue dans la carène par le moyen des appendices et replis des ailes et de la carène, qui sont articulés entre eux et avec le tube des étamines. Mais quand ces pétales sont abaissés sous le poids d'un insecte, il en résulte une désarticulation qui met en liberté la colonne sexuelle, et, les filets des étamines supérieures se contractant aussitôt, la partie antérieure de la colonne est poussée avec beaucoup de force contre la face inférieure de l'insecte. Il arrive alors que le stigmate saillant peut être imprégné de pollen venu d'une autre fleur, pendant que l'insecte et probablement toujours aussi le stigmate sont couverts du pollen de la fleur visitée. Toutefois, d'après les expériences de *Hildebrand*, ces fleurs sont aussi dans le cas de fructifier en étant abritées contre le butinage des insectes, et jusqu'à présent aucun observateur n'a réussi à voir la colonne sexuelle saillir hors de la carène sous l'effort d'un insecte en quête de nectar. Les abeilles savent prendre ce miel en introduisant leur trompe par le côté de la fleur et sans amener la colonne sexuelle à se projeter hors de la carène, et comme d'ailleurs, en fait d'autres insectes, il n'y a que les papillons qui butinent dans ces fleurs, *H. Müller* soupçonne que ce sont eux qui sont la cause du phénomène si souvent constaté de la saillie de cette colonne. Il ne se produit pas sous l'influence de modifications ayant lieu dans la fleur elle-même, car *Hildebrand* a vu de ces fleurs se flétrir tout-à-fait, sans que la colonne sexuelle eût été mis en mouvement. Les effets des relations des insectes avec la fleur de la luzerne ne sont donc pas encore éclaircis complètement.

Le fruit est une gousse longue de 4–5 et épaisse de 3—4^{mm}, à pubescence apprimée, finement veinée-réticulée, polysperme, enroulée en 2–3 tours de spire (fig. 5, 6); la suture dorsale se dessine en ligne saillante qui se détache à la déhiscence sous forme de fil tordu sur lui-même. Graines réniformes, d'un brun jaunâtre, longues de 2—2$^1/_2$ et épaisses de 1^{mm}, avec une radicule bien distincte et un hile arrondi, placé dans une dépression sur un des côtés étroits (fig. 7, 8).

Variétés. **Variétés.** *Alefeld* et d'autres botanistes réunissent en une seule espèce la luzerne ordinaire (*M. sativa*, L.), la luzerne rustique (*M. media*, Persoon), et la luzerne faucille (*M. falcata*, L.), et considèrent ces trois formes comme des variétés, pendant que pour certains auteurs la luzerne ordinaire et la luzerne faucille sont des espèces véritables et ayant pour hybride la luzerne rustique. D'autres enfin regardent aussi cette dernière comme une bonne espèce. Ces trois formes sont d'une valeur agricole si différente, que chacune d'elle demande à être traitée spécialement, et c'est pourquoi nous n'avons affaire ici qu'à la luzerne ordinaire.

Dans l'Asie tempérée, particulièrement dans les montagnes de l'Himalaya, il se trouve des variétés nombreuses et très-semblables à la luzerne ordinaire, et l'une d'elles, originaire de la Chine, (*Medicago sativa*, var. *rotundifolia*, Alefeld), qui, en 1847, avait été envoyée en Russie sous le nom de *Mü-Süe*, a été l'objet d'essais de la part de *Hugo Werner*. D'après cet agronome elle est inférieure à notre luzerne, en ce qu'après une coupe elle ne repousse pas aussi copieusement.

Distribution géographique. **Habitat, climat, sol, engrais.** La luzerne est indigène dans l'*Asie* et se trouve à l'état sauvage dans l'Anatolie, au Caucase méridional, dans la Perse, l'Afghanistan, le Beloudchistan et le Cachemire. En *Europe*, sa culture a pris une grande extension surtout dans la France méridionale, la Haute-Italie, la Hongrie et le Palatinat. — Stations. Elle se rencontre chez nous à l'état subspontané, notamment dans des terrains chauds et plus ou moins calcaires.

Limites d'altitude. Dans la Basse-Engadine, elle est cultivée à Schleins encore à une hauteur de 1541^{m}, en y prospérant très-bien et pouvant donner deux coupes par an. A la hauteur de 1100 à 1200^{m}, on trouve même dans le canton des Grisons des luzernières durant depuis 20 à 25 ans. A Obervaz et à Churwalden (1300^{m}) elle a été rencontrée par *Brügger* à l'état subspontané.

Climat.

Pour réussir parfaitement, la luzerne exige de la chaleur dans le climat et l'exposition, et c'est pourquoi elle prospère le mieux dans les régions propres à la culture du maïs et de la vigne. Comme la souche en est enracinée très-profondément, cette plante supporte la sécheresse mieux que toute autre légumineuse fourragère. Il est vrai que quand le temps sec persiste durant plusieurs semaines, elle cesse de croître et et paraît même se dessécher si elle est en un sol perméable, mais elle est prompte à se remonter lorsque revient la pluie. Un temps humide ne lui convient guère : aussi réussit-elle moins bien dans une année pluvieuse et elle ne le fait pas du tout dans les contrées où abondent les précipités atmosphériques. On peut admettre qu'elle ne peut plus être cultivée avec succès dans les pays de l'Europe où la quantité annuelle de pluie dépasse la hauteur de 85 à 100 cm., et cela même quand le terrain lui serait favorable d'ailleurs. Dans ce cas, elle est sujette non-seulement à être étouffée par les mauvaises herbes, mais l'humidité lui nuit aussi directement. Elle est insensible au froid, et l'on prétend qu'il ne lui devient préjudiciable qu'en descendant à 25° au-dessous de zéro, et pendant que la plante n'est point abritée sous la neige.

Sol.

La luzerne ne prospère bien que dans un terrain de bonne qualité et qui ne soit pas compacte, où ses racines si profondes trouvent la nourriture nécessaire et puissent s'étendre aisément. La couche supérieure est ici d'une importance moindre, et il est indifférent qu'elle soit pesante ou légère, pourvu que le sous-sol soit d'une constitution favorable. Comme cette plante a grand besoin de chaux, elle réussit le mieux dans les terrains très-riches en calcaire et dont le sous-sol soit de la même nature minérale, notamment dans les marnes limoneuses et sableuses, mais elle se développe très-bien aussi dans les marnes calcaires et argileuses. Elle ne se trouve pas moins bien dans des limons et des argiles à sous-sol perméable et elle peut même être cultivée sur une terre sablonneuse, si le sous-sol en est bon et riche en chaux. Elle réussit également sur les terrains résultant de la décomposition de roches calcaires, à condition que le sous-sol aille se décomposant aussi ou soit du moins fortement crevassé, pendant qu'elle ne peut plus être cultivée sur un sous-sol rocheux. Mais elle prospère bien sur un sous-sol de gravier, si la couche arable est bonne et de quelque épaisseur. Sur les terres argileuses, à sous-sol de même nature et très-compacte, ainsi que dans celles qui sont humides à l'excès la plante ne végète que misérablement et périt bientôt.

Epuisement du sol.

C'est surtout dans la profondeur du sol que la luzerne cherche sa nourriture. A ce propos, le naturaliste genevois *Bonnet* a dit en avoir trouvé au bord de l'Arve une plante avec une racine pivotante longue de 66 pieds. *Fraas* a mesuré que le maximum de profondeur de l'enracinement est de 15 centimètres pour le trèfle blanc, de 31 pour le trèfle incarnat, de 63 pour le trèfle rouge, de 126 pour la luzerne et de 94 à 379 pour l'esparcette ; et il remarque que souvent la luzerne ne descend qu'à 63 cm sans laisser de prospérer, mais qu'elle réussit d'autant mieux que l'enracinement en est plus profond.

D'après les analyses de *Wolff*, 1000 kg. de luzerne réduite à l'état de foin, avec 14 % d'eau, contiennent au début de la floraison :

Azote	23.6 kg.	Magnésie	4.2 kg.
Acide phosphorique	7.3 »	Chaux	34.6 »
Potasse	21.9 »	Acide sulfurique	4.9 »
Soude	1.5 »	Silice	8.2 »

La cendre est donc très-riche en potasse, chaux et magnésie.

Engrais. Il n'est pas à recommander d'user pour la luzerne de fumier de ferme mis immédiatement avant le semis, parce qu'il favorise le développement de mauvaises herbes qui deviennent souvent très-nuisibles aux jeunes plantes. Le mieux c'est de lui faire suivre une récolte qui ait été fumée. Mais, en certaines circonstances, il est très-avantageux de fumer le semis au moyen d'un engrais artificiel convenable. Plus tard on fume souvent en couverture avec du lisier, du compost, des cendres, plus rarement avec du fumier de ferme ou du plâtre et d'autres engrais de commerce. Le lisier active très-fort la végétation, mais il en résulte facilement aussi un envahissement de mauvaises herbes. Si l'on emploie du plâtre, qui, à cause du profond enracinement de la luzerne, a naturellement moins d'efficacité que pour le trèfle rouge, il est bon de le répandre après l'arrosage au lisier, parce qu'ainsi l'on retient dans le sol l'ammoniaque de cet engrais liquide. Une cendre de tourbe riche en sulfate de chaux est également fort avantageuse; en général, tout engrais de cendres non-seulement prévient le développement excessif des mauvaises herbes, mais favorise directement la végétation de la luzerne. Un vieux compost est aussi d'un bon effet, et il faut avoir soin de le mettre en automne. Mais donner du fumier d'étable en couverture, c'est à la fois gaspiller de la matière fertilisante et produire un effet nuisible par les mauvaises herbes qui en résultent. Il n'a pas été prouvé exactement jusqu'à quel point il est profitable de fumer en couverture avec des engrais du commerce. Ce qui est certain toutefois, c'est qu'en employant du salpêtre du Chili, à raison de 1 — 1 ½ quintal par hectare, on favorise beaucoup le tallage d'une jeune semaille, et cet engrais peut donc, en certaines circonstances, être recommandé pour une luzernière récemment établie et dont les plantes sont lentes à se développer. Pour les sols pauvres en calcaire il est avantageux d'avoir recours à un marnage, qui se fait en automne avant le semis.

Végétation. **Végétation, rendement et valeur fourragère.** La luzerne a des tiges hautes d'un à deux pieds, et même de trois, qui sont rameuses et richement feuillées. Comme sa robuste souche n'émet point de stolons et que toutes les pousses prennent immédiatement une direction verticale, la luzerne ne recouvre le sol qu'imparfaitement et c'est par là qu'elle est si exposée à être étouffée des mauvaises herbes. Ce qui reste d'une tige fauchée dépérit après la coupe, et les bourgeons latéraux de la souche (fig. B.), qui se sont formés pendant la croissance des parties qui viennent d'être coupées, se mettent alors à pousser pour se développer en tiges nouvelles.

Développement. Si le sol est ameubli, la racine y pénètre, déjà dans la première année, à une profondeur de 2 pieds. Dans un riche terrain la luzerne arrive à son plein développement pendant la deuxième année, et, s'il est pauvre, seulement dans la troisième.

D'après des expériences faites en France, le baron *Crud* donne les chiffres suivants du produit de l'hectare pour chacune des sept années d'une exploitation de luzerne:

1re . .	80 quintaux	4me . .	260 quintaux
2me . .	240 »	5me . .	232 »
3me . .	260 »	6me . .	200 »
7me . . .	160 quintaux.		

Il importe donc, même pour les terres les plus favorables à cette culture, de défricher une luzernière au bout de 5 à 7 ans, parce qu'à partir de là le rendement diminue beaucoup.

Hecke, à Altenbourg (Hongrie), a obtenu de l'hectare sur un terrain qui n'était que de qualité moyenne pour la culture de la luzerne, les produits suivants en foin:

Dans la 1re année	. . . .	70 quintaux
» 2me »	. . . .	140 »
» 3me »	. . . .	110 »
» 4me »	. . . .	88 »
» 5me »	. . . .	52 »
	en moyenne:	92 quintaux.

La luzerne commence à pousser dès la fin d'avril et au commencement de mai, à l'époque où fleurissent les arbres fruitiers, et elle fournit des produits copieux avant, pendant et après les coupes du trèfle rouge: c'est pourquoi, à ce que dit *Langethal*, si le trèfle rouge est comme le roi des légumineuses fourragères, la luzerne est la reine qui l'accompagne. Dans la même année elle peut, suivant la situation du champ, être coupée de trois à cinq fois, et la deuxième coupe ainsi que les suivantes sont presque aussi productives que la première.

Il importe de faucher toujours quelque temps *avant* la fleur, car sans cela les tiges durcissent et deviennent moins appétissantes pour le bétail. La luzerne a sa plus grande valeur comme fourrage vert, tandis qu'elle est moins propre à faire du foin, parce que les feuilles tombent très-facilement et que d'ailleurs le séchage ne s'opère qu'avec beaucoup de difficulté. Récolte.

D'après les recherches de *Ritthausen*, 100 kg. de luzerne ont consisté en 48% de feuilles et 52% de tiges. Les feuilles contenaient, avec une proportion de 14% d'eau, $29._2$% d'albumine, pendant que les tiges n'en avaient que $16._2$%: en ces 100 kg. de luzerne il y avait donc $14._0$ kg. d'albumine sous forme de feuilles et $8._4$ kg. sous forme de tiges; les quantités moyennes sont un peu moindres. On voit que la proportion d'albumine, relative aussi bien qu'absolue, est beaucoup plus grande dans les feuilles. Si l'on admet par hectare un produit de 100 quintaux métriques, il s'y trouve 2240 kg. d'albumine, dont 1400 kg. en nature de feuilles et 840 kg. en nature de tiges. Mais si pendant la récolte, il y a déchet de la moitié des feuilles, qui contiennent 1400 kg. d'albumine, et qu'on suppose que 350 kg. de celle-ci soient assimilables, il résulte de là, en comptant le kilo d'albumine assimilable à un franc, une perte de 350 francs. Le tableau donné ci-après montre qu'une telle perte peut en effet être très considérable. *Weiske* a obtenu de l'hectare les quantités suivantes d'éléments nutritifs:

	Luzerne fraîchement coupée ou séchée avec soin et sans déchet de feuilles.	Luzerne séchée suivant le procédé ordinaire.
Albumine	675 kg.	$501._5$ kg.
Graisse	$119._5$ »	63 »
Fibre ligneuse	$992._5$ »	925 »
Substances extractives non azotées . .	$1229._5$ »	$1033._5$ »

Dans la récolte faite de la manière habituelle il s'est donc perdu $173._5$ kg. d'albumine, $56._5$ kg. de graisse, $67._5$ kg. de fibre ligneuse et 196 kg. de substances extractives non azotées.

Il faut ajouter que la digestibilité est bien plus grande chez un foin séché soigneusement. Dans le fanage de la luzerne il peut donc se produire un déchet fort considérable et qui est sujet encore à augmenter dans le cas où le foin est resté exposé à la pluie. *O. Kellner* a analysé deux lots de foin, l'un séché avec toutes les précautions, et un autre qui, pendant les quatre jours et demi où il était à faner sur le pré, avait été mouillé une fois par une légère pluie et une autre fois d'une forte averse d'orage, mai de quoi il ne pouvait avoir souffert beaucoup. De la luzerne qui avait reçu de la pluie il eut $7._8$% moins de foin que de l'autre, et l'analyse des 2 lots lui donna les résultats suivants :

En 100 kg. de matière sèche:

	Luzerne séchée avec soin. Proportion absolue:	Partie assimilable:	Luzerne mouillée de pluie. Proportion absolue:	Partie assimilable:
Albumine	17.0 %	12.2 %	14.9 %	9.9 %
Fibre végétale	31.8 »	15.3 »	34.0 »	15.4 »
Graisse et subst. extr. non azotées	43.8 »	29.1 »	44.2 »	27.4 »
Cendre	7.4 »	2.2 »	6.9 »	1.6 »
Matière sèche	100.0 %	58.8 %	100.0 %	54.3 %

La luzerne ne supporte pas le pâturage, et le moins de la part des moutons, parce qu'en dévorant les jeunes bourgeons ils affaiblissent la capacité reproductive de la souche.

Rendement. *Häni* estime qu'en Suisse l'arpent donne, en 4 ou 5 coupes, de 70 à 80 quintaux de foin. Selon *Guido Krafft*, la moyenne du rapport en foin est, dans les circonstances favorables, de 120 à 200 quintaux par hectare, pendant que dans la deuxième et troisième année il est de 240 à 260 quintaux. Pour *Werner* le rendement de l'hectare est de 180 à 240 quintaux sur une terre excellente, de 120 à 160 quintaux sur une bonne terre et de 100 à 120 quintaux sur une terre médiocre, soit en moyenne de 160 quintaux de foin. D'après *Sprengel* une bonne terre à luzerne donne 240 quintaux. *Schwerz* dit qu'en Allemagne le produit de trois coupes de luzerne est égal à celui de deux coupes de trèfle rouge, mais que dans la France méridionale on prétend qu'il s'obtient de 7 coupes de luzerne jusqu'à 340—360 quintaux,

Les analyses de *Wolff* attribuent à la luzerne la composition suivante, pour le fourrage sec, avec 14 % d'eau, et le fourrage vert de deux sortes, l'une avec 81 % et l'autre avec 74 % d'eau:

Qualité	Matière organique %	Albumine %	Graisse %	Fibre ligneuse %	Subst. extractives non azot. %	Partie assimilable: Albumine %	Graisse %	Hydrates de carbone %	Proportion des éléments nutritifs
Foin de qualité moyenne	79.6	14.8	2.6	33.7	28.5	9.6	1.0	29.1	1 : 3.3
Foin de très-bonne qual.	79.0	16.5	2.6	27.4	32.5	12.7	1.0	32.4	1 : 2.8
Fourrage vert tout jeune	17.3	4.5	0.6	5.0	7.2	3.5	0.3	7.3	1 : 2.3
Fourrage vert avant la fleur	24.0	4.5	0.8	9.5	9.2	3.2	0.3	9.1	1 : 3.1

Ce tableau nous démontre que la luzerne, surtout en vert, constitue un fourrage de la meilleure qualité, qui est très-riche en albumine; elle est plus nutritive qu'un trèfle rouge de moyenne qualité. A l'état vert elle est excellente pour l'alimentation des vaches laitières; mais pour cela il ne faut pas qu'elle soit coupée trop vieille, car elle deviendrait trop dure et peut-être propre à former de la chair plutôt que du lait. Comme elle est si riche en albumine, on pourrait lui associer des fourrages plus pauvres en cette substance, tels, par exemple, que de la paille hachée, du maïs vert, etc.: alors le bétail serait aussi moins exposé à être météorisé, et c'est là un danger dont il est menacé par l'emploi de luzerne toute jeune. Mais, en général, la météorisation est causée moins facilement par elle que par le trèfle rouge. La luzerne en foin est aimée des chevaux ainsi que des moutons.

Récolte des semences. **Récolte, falsifications et impuretés de la semence.** Il est bon de ne prendre cette semence que sur des luzernières déjà vieilles et qui doivent être défrichées bientôt, parce que les pieds sont fort éprouvés par là et périraient en partie plus tard. Dans les contrées méridionales, elle se prend sur la deuxième coupe, et, en Allemagne, parfois aussi sur la première. Les graines sont mûres lorsque la gousse (fig. 60) est devenue foncée et qu'elles-mêmes sont de couleur jaunâtre et de la consistance du fromage à pâte ferme. La récolte doit se faire de la même manière que chez le trèfle rouge. Les graines sont peu sujettes à tomber pendant que les plantes sont encore au champ et il est aussi plus facile de les extraire par le battage que celles de ce trèfle. Dans le Midi, les porte-graines sont ordinairement battues aussitôt après la récolte.

D'après *Sprengel* on retire de l'hectare 12 – 16 quintaux de semence, d'après *Langethal* 8—12, Rendement.
et enfin 7—11 d'après *Guido Krafft.*

Dans la Suisse et les pays du Nord il n'est pas avantageux de recueillir cette Commerce.
semence, et l'on fait mieux de la tirer du Midi. La meilleure, qui a les grains les plus gros et les mieux doués de la capacité germinative, est celle de la Provence, pendant que le Poitou, l'Italie et la Hongrie fournissent des qualités moins bonnes. La luzerne italienne, il est vrai, est aussi productive que la provençale dans les premières années, mais elle est de moins longue durée que celle-ci.

Comme impureté la plus grave, il se rencontre souvent dans cette semence des Impuretés.
graines de cuscute, *Cuscuta Trifolii*, Bab. et Gibs. (fig. 61), et, par conséquent, elle devrait toujours être nettoyée par les marchands-grainiers. Une excellente machine pour cela est celle d'*Egli* & Cie, à Gibswil, dans le canton de Zurich, avec laquelle on peut se débarrasser de la cuscute tout en perdant le moins de graines de luzerne. On le fait moins sûrement et avec plus de perte de ces dernières au moyen de tamis métalliques à mailles ayant un vide de $^3/_4$ de millimètre. Il faut n'acheter que de la

Fig. 61.
Cuscute.
Cuscuta Trifolii,
Bab. et Gibs.
a. Semence en grand. natur.
b. Semence grossie 12-15 fois.

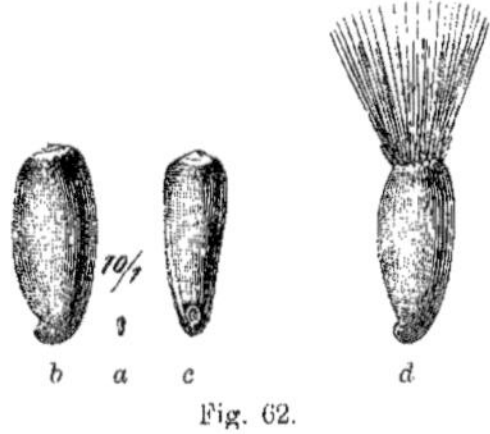

Fig. 62.
Centaurée jaune.
Centaurea solstitialis, L.
a. Fruit sans l'aigrette, en grand. natur.
b. c. Fruits sans l'aigrette } grossis 10 fois.
d. Fruit avec l'aigrette }

semence garantie pure de cuscute et en faire contrôler un échantillon du poids de 200 grammes; car rien n'est plus contrariant que de voir apparaître de la cuscute sur son champ, lorsqu'on aurait pu l'éviter en usant de plus de précaution à l'achat de la semence. Deux impuretés qui sont fréquentes surtout dans la semence du Midi de la France sont les graines de la centaurée jaune, *Centaurea solstitialis*, L. (fig. 62) et de l'helminthie fausse-vipérine, *Helminthia echioides*, Gærtn. (fig. 63). Les premières sont noires, atténuées vers la base, ordinairement sans aigrette; les secondes se rencontrent toujours sans aigrette dans cette semence et elles sont orangées ou brunes-jaunâtres, les unes droites les autres courbes, et striées en travers.

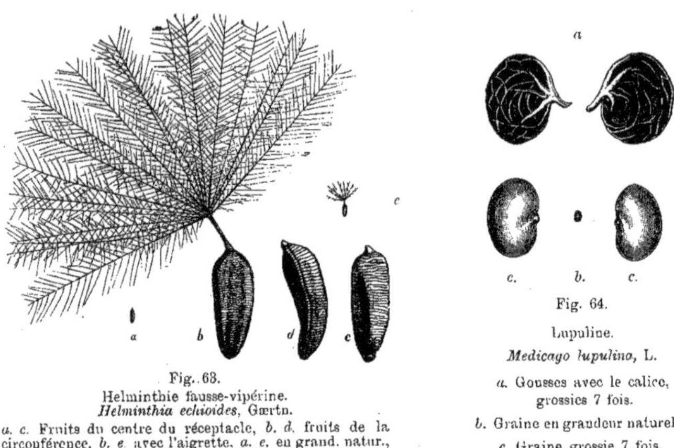

Fig. 63.
Helminthie fausse-vipérine.
Helminthia echioides, Gærtn.
a. c. Fruits du centre du réceptacle, *b. d.* fruits de la circonférence, *b. e.* avec l'aigrette. *a. e.* en grand. natur., *b. c. d.* grossis 7 fois.
(D'après Nobbe.)

Fig. 64.
Lupuline.
Medicago lupulina, L.
a. Gousses avec le calice, grossies 7 fois.
b. Graine en grandeur naturelle.
c. Graine grossie 7 fois.

Falsifications. Cette semence est falsifiée çà et là avec des graines de valeur moindre et qui lui soient semblables. Ainsi, par exemple, il n'est pas rare de trouver mêlée à cette marchandise celle de la lupuline, *Medicago Lupulina*, L. (fig. 64); elle est plus petite, ovale-arrondie, luisante et distinguée par une radicule saillant en petite pointe à côté du hile. La graine de la luzerne est plutôt réniforme, plus grande et plus aplatie, un peu anguleuse par suite de la compression réciproque dans la gousse, d'une jolie couleur jaune d'œuf (fig. 65); la semence du Midi de la France est ordinairement mate et d'un beau jaune foncé. Une falsification plus rare est celle avec les graines de certaines espèces de mélilot, qui se reconnaissent tout d'abord à leur couleur mate et au parfum de coumarine; elles sont d'ailleurs plus arrondies, non réniformes, et la radicule est séparée des cotylédons par un renflement bien distinct. Parfois il s'y trouve des gousses entières du mélilot. Il arrive en outre qu'elle est falsifiée avec des graines retirées des fruits appelés «graterons à laine» et qui proviennent le plus souvent de l'Amérique du Sud. Ceux-ci sont des gousses munies de nombreuses épines, crochues en hameçon ou bifurquées en branches subulées et arquées-réfléchies, au moyen desquelles ces fruits s'attachent à la laine des moutons (fig. 66 et 67). Elles restent dans la laine tondue et arrivent avec elle en Europe, où leurs graines sont finalement recueillies dans les déchets des filatures de laine. Comme celles-ci ont beaucoup de ressemblance avec la semence de la luzerne, elles servent aussi à la falsifier en y étant mêlées ou elles sont mises dans le commerce pour elles-mêmes mais sous le faux-nom de luzerne ordinaire, de luzerne du Chili ou de luzerne de Buenos-Ayres. Ces graines sont le plus souvent celles de la luzerne tachée, *Medicago maculata*, Willd. (fig. 68) et de la luzerne denticulée, *Medicago denticulata*, Willd. (fig. 69), espèces annuelles et à tiges couchées, qui n'ont aucune valeur agricole. Elles sont mates, plus grandes et plus réniformes que celles de la luzerne ordinaire, et chez celles de la première de

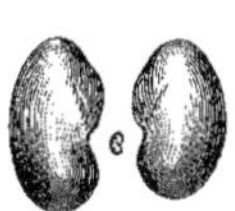

Fig. 65
Luzerne cultivée.
Medicago sativa, L.
Graines, celle du du milieu en grand. natur.

Fig. 66.
Luzerne tachée.
Medicago maculata, Willd.
Gousse grossie 4 fois.

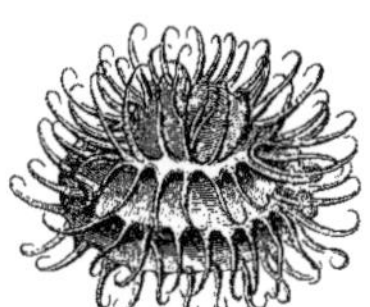

Fig. 67.
Luzerne denticulée.
Medicago denticulata, Willd.
Gousse grossie 4 fois.

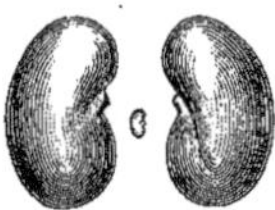

Fig. 68.
Luzerne tachée.
Medicago maculata, Willd.
Graines, celle du milieu en grand. natur. et les autres grossies 7 fois.

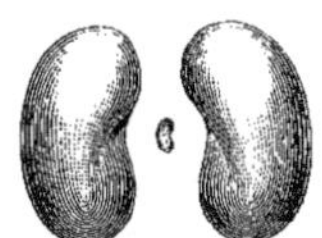

Fig. 69.
Luzerne denticulée.
Medicago denticulata, Willd.
Graines, celle du milieu en grand. natur. et les autres grossies 7 fois.

Fig. 70.
Brins de fil d'acier trouvés parmi les graines des *graterons à laine*. en grand. natur.

ces espèces la radicule saillit en petite pointe souvent lavée de rouge. Il s'y rencontre fréquemment de petits brins de fil d'acier, d'ordinaire pliés en deux et de l'épaisseur d'une fine épingle, qui sont des fragments des cardes en usage dans les filatures de laine (fig. 70).

Semence et semis. La pureté moyenne de la semence de luzerne est de 97.₂% et la faculté germinative de 89%. Une marchandise «bonne moyenne» doit avoir 98% de graines vraies et desquelles 90% soient en état de se développer en nouvelles plantes, ce qui fait 88.₂% de graines pures et capables de germer. Dans les deux cas, on a reconnu cette dernière propriété à la moitié des graines restées dures pendant la germination. La proportion centésimale des graines restant dures est souvent très-considérable, surtout dans la semence récente, mais elle va diminuant avec l'âge; c'est pourquoi cette marchandise peut, au bout d'une année, être douée d'un plus haut degré de faculté germinative qu'immédiatement après la récolte. Il en résulte qu'une semence d'un an est souvent meilleure que la récente, et même celle de deux ou de trois ans peut être employée sans hésitation, si tant est qu'elle ait été primitivement

Qualité.

de bonne qualité. Une graine bien constituée doit être jaune et non pas brune ni surtout ridée. L'hectolitre pèse de 76 à 79 kil. et le kilo de semence pure consiste en 400–500,000 grains. La semence de Provence est celle à grains les plus gros. En moyenne, il se sème à l'hectare 29 kilos ou 2559 centièmes de kilo, et à l'arpent 10½ kilos ou 926 centièmes de kilo. Mais cette quantité varie suivant le terrain, l'exposition, le climat et la fumure. Elle doit être d'autant plus forte que le climat est moins favorable et le sol plus pauvre et d'un degré de consistance plus éloigné de la moyenne. Il est préférable de semer épais, et cela d'autant plus que la luzerne est moins sujette à verser quand les pieds en sont très-rapprochés. Par là les tiges deviennent moins ligneuses et le fourrage meilleur, pendant que c'est moins facile aux mauvaises herbes de se développer. Si l'on tient à se faire une belle luzernière, il faut y songer déjà dans le choix de la culture qui précède et, après celle-ci, avoir soin surtout de bien préparer le terrain, car cette plante ne prospère que dans un sol friable, profondément ameubli et débarrassé des mauvaises herbes. Le mieux donc c'est de faire succéder la luzerne à des récoltes sarclées, telles que pommes de terre, raves ou navets, etc. Elle réussit également en suivant le seigle-fourrage; mais en ce cas la préparation du sol exige plus de travail.

Quantité.

Récoltes précédentes.

Préparation du sol.

Après la récolte de la culture précédente, le sol est labouré le mieux et le plus profondément possible; cela se peut avec la charrue pour sous-sol, ou en faisant suivre deux charrues dans la même raie et de façon à ce que le sous-sol soit seulement ameubli par la seconde, qui est la charrue fouilleuse, et non pas amené à la surface. Un labour profond est ici d'autant plus utile que le sol est plus compacte.

Epoque du semis.

La luzerne se sème ordinairement à la fin d'avril ou au commencement de mai, lorsqu'il n'y a plus à craindre des gelées tardives, qui sont préjudiciables à la jeune plante. Mais on risque autant de semer tard que tôt, parce que les puces de terre, qui surviennent avec le temps chaud, lui sont très-nuisibles également. Quand il n'y a pas à redouter ces insectes, on peut, en cas de temps favorable, semer aussi plus tard. Sous les bons climats, on peut le faire jusqu'aux premiers jours de septembre. Cependant les semailles tardives sont souvent éprouvées par les intempéries de l'hiver et, par conséquent, d'une réussite moins sûre.

Cultures en lesquelles on sème.

On ne sème pas toujours dans une autre plante. En Suisse, la coutume est générale de ne pas le faire, parce que la luzerne se développe vite et a bientôt recouvert le sol. Mais, pendant les années chaudes et dans des lieux secs, il serait bon d'user de cet expédient. Ordinairement, on a recours pour cela aux céréales de printemps, notamment à l'orge ou au froment, qui, à cette intention, ont été semés très-clair; cependant la luzerne est sujette souvent à en souffrir et y devient facilement peu serrée. Il est mieux de la mettre dans une culture de lin, de cameline ou de navette d'été. L'on s'est bien trouvé également de plantes fourragères vertes, telles que l'avoine ou le sarrasin; ce dernier se recommande aussi par sa propriété de tenir à distance les puces de terre.

Recouvrement de la semence.

La luzerne se sème le plus souvent à la volée, et le semoir à trèfle sert très-bien pour cela. En Angleterre et ailleurs, on la sème quelquefois en lignes, mais ce procédé-là est moins recommandable. Sur les terres fortes, on se borne à presser la

Taf. 28.

Medicago sativa, L.

Luzerne – Lucerne.

G. & L. Schröter ad. nat. del.

Lith. Genossenschaft Zürich.

semence d'un roulage, et à cet effet les rouleaux à disques sont préférables à ceux dont la surface est unie, parce qu'après l'opération le sol reste moins disposé à s'encroûter; pour les terres légères on donne un faible hersage.

Les cultures les plus propres à suivre la luzerne sont les céréales, la betterave et le colza. Cependant comme les céréales sont fort exposées à la verse, il convient de préférer les deux dernières de ces cultures. Récolte subséquente.

Il a été recommandé de mêler avec la luzerne un peu de trèfle rouge, parce qu'ainsi l'on obtient dès la première année un produit abondant. Mais cette pratique ne mérite pas d'être suivie, par la raison que le trèfle entravant le développement de la luzerne, il résulte qu'au bout de deux ou trois ans, lorsqu'il a disparu, le champ présente une quantité de lacunes. C'est pourquoi, à qui veut une exploitation de plus de deux ou trois ans, il n'est pas à conseiller d'avoir recours à un mélange de trèfle et de luzerne. Celle-ci, en général, se prête moins a être mise en mélange qu'en semis pur, car elle va dépérissant aussitôt que le sol se recouvre de gazon. Ce n'est que sur les terrains les plus propres à la culture de la luzerne qu'elle est bonne à entrer dans des mélanges; mais encore faut-il que ceux-ci soient coupés au moins trois fois annuellement, pour éviter que la luzerne n'y devienne trop vieille et trop dure. Quant aux mélanges cultivés dans un verger, la luzerne ne doit pas y avoir part, attendu que par ses profondes racines elle nuirait aux arbres fruitiers. Mélanges.

Le plus grand ennemi de la luzerne c'est l'herbe des graminées. Il arrive souvent que celle-ci revêt le sol complètement, en y formant un feutrage épais qui étouffe la luzerne. Les espèces les plus préjudiciables sous ce rapport sont l'agrostide traçante (fiorin) et la commune (*Agrostis stolonifera*, L. et *A. vulgaris*, With.), le pâturin commun (*Poa trivialis*, L.), le brome doux et celui des champs (*Bromus mollis*, L. et *B. arvensis*, L.), la houlque laineuse (*Holcus lanatus*, L.), etc. On prévient le développement de ces mauvaises herbes en faisant passer sur le sol, au printemps et aussitôt qu'il est asséché, la herse à luzerne ou une herse à chaînons. Mais, comme la luzerne se met à pousser à la fin d'avril, il faut que le hersage se fasse avant cette époque. S'il apparaît sur le champ de la cuscute, il faut tâcher de l'en délivrer par des sarclages répétés. En outre, cette plante est exposée à certaines maladies causées par des champignons microscopiques ainsi que par l'anguillule de la luzerne (*Tylenchus Havensteinii*, Jul. Kühn). Dans le midi, elle souffre quelquefois des atteintes de la larve de l'*Eumolpe vitis*, Fabric. Dans les terrains où ces insectes deviennent très-nuisibles à la luzerne, le mieux c'est de cultiver pendant une dizaine d'années des espèces fourragères auxquelles ils ne s'attaquent point, comme certains mélanges, l'esparcette, le galéga, etc. Plantes et animaux nuisibles.

Explication de la planche 28.

Figures A et B en grandeur naturelle. Figures 1—8 grossies 6 fois.

Fig. A. Partie supérieure d'une plante fleurissante.
» B. Souche.
» 1. Fleur entière vue latéralement.
» 2. Aile.
» 3. Carène avec la colonne sexuelle saillante.
Fig. 4. Pistil.
» 5. Gousse vue de côté.
» 6. Gousse vue de dessus.
» 7. Graine vue en profil.
» 8. Graine vue du côté du hile.

XXIX. La Lupuline.

Medicago Lupulina.

Famille des Légumineuses.

Dénomination. Le mot de *Lupuline* est la traduction littérale du nom spécifique latin de cette plante et signifie que ses épis fructifères ont quelque ressemblance avec ceux du houblon. Vulgairement elle s'appelle Minette dorée ou simplement *Minette*, ainsi que Trèfle jaune, Trèfle noir, Petit-Triolet, Mignonnette, Bujoline, Mirlirot, Luzerne houblonnée, etc.

Histoire. *Judtmann* rapporte qu'en 1790 la lupuline n'était encore cultivée dans aucune partie de l'Allemagne, pendant qu'en Angleterre elle l'était déjà beaucoup et avec succès. D'après *Hartlib*, la culture en a commencé dans ce pays-là en 1659; mais *P. Lawson* estime qu'elle y est devenue si fréquente moins pour les bonnes qualités de la plante qu'à cause du bon marché de sa semence.

Valeur agricole. Bien que la lupuline ne soit pas très-productive et très-durable, elle n'en est pas moins une espèce fourragère fort précieuse pour beaucoup de terrains où le trèfle rouge ne saurait réussir, et cela d'autant plus que ce fourrage est des plus nourrissants. Dans ces cas, elle convient surtout pour les terrains calcaires. A cause de ses tiges étalées, elle est semée le plus souvent en mélange avec d'autres trèfles ou des graminées, et en cet état elle forme d'excellentes pâtures pour les moutons et le gros bétail. Elle est moins propre à faire des prés à faucher. Comme la plante n'est qu'annuelle ou bisannuelle, la culture n'en est à recommander que pour des exploitations de courte durée. En mélange avec d'autres espèces et sur un terrain chaud et favorable, la lupuline se renouvelle facilement par voie d'ensemencement spontané.

Description botanique. **Description botanique.** La racine est pivotante, descendant verticalement, longue d'environ 3 décim. et peu rameuse. Le tallage se fait par des pousses latérales basilaires, qui ne s'élèvent plus ou moins qu'après s'être prolongées horizontalement à une certaine distance, et font que la plante est largement étalée.

Tiges ascendantes ou couchées, de 1—6 décim., un peu anguleuses, ramifiées, légèrement pubescentes. Feuilles trifoliolées, éparses, les inférieures plus longuement pétiolées que les supérieures, à folioles obovales-cunéiformes, denticulées antérieurement, la médiane ayant le pétiolule plus long que les latérales; stipules lancéolées, souvent denticulées (fig. A.). Inflorescence en épis axillaires, d'abord presque sphériques et ensuite ovoïdes ou allongés, denses, multiflores, à pédoncule beaucoup plus long que la feuille. Fleur très-petite, longue au plus de 3 millim. Calice (fig. 1, *K.*) en tube profondément fendu en dessus, pubescent, à 5 divisions lancéolées, de moitié aussi long que la corolle, mais la dépassant dans la variété *parviflora* de Döll. Etendard (fig. 1 et 2, *Fa.*) embrassant complètement les autres pétales par son limbe élargi et recourbé en haut, et soudé, sur un court espace, avec les ailes et la carène par la base de son large onglet. Ailes et carène petites, à onglets étroits, ne recouvrant qu'à demi les organes de la reproduction (fig. 3 et 4); anthères et stigmate se montrant à découvert au-dessous de l'étendard. Les 9 étamines soudées par leurs filets forment comme une gouttière recouvrant la suture dorsale de l'ovaire (fig. 5); l'étamine libre est de moitié moins longue que les autres. Pistil relativement très-gros, avec un ovaire comprimé, poilu en dessous (fig. 3—6, *Frkn.*), un style court, recourbé en haut, et un stigmate capité, dépassant les anthères (fig. 3 et 6 *N.*). Il n'a été fait que peu d'observations sur les relations des insectes avec ces fleurs: *H. Müller* y a vu butiner des abeilles, des mouches et des papillons, et *Darwin* a trouvé que des plantes de lupuline protégées par une gaze contre la visite des insectes étaient beaucoup moins fertiles que celles où ils avaient libre accès. La variété *parviflora* représente peut-être une forme femelle de la plante en question *(gynodioïcisme).*

Le fruit (fig. 7) est une gousse noire, monosperme, s'élevant du calice persistant, comprimée, réniforme, courbée au sommet, glabre ordinairement, pubescente-glanduleuse dans la variété *Willdenowii*, à faces relevées de nervures saillantes, concentriques et réticulées. Graine luisante, d'un brun jaunâtre, ovoïde-comprimée, ayant sur le côté étréci, où se trouve le hile, une petite saillie formée par l'extrémité de la radicule (fig. 8 et 9).

Habitat, climat, sol, engrais. La lupuline est indigène dans toute l'*Europe*, excepté dans la Norwège septentrionale, la Laponie, et la plus grande partie de la Finlande et du Nord de la Russie; dans les pays du Nord de l'*Afrique* ainsi que de l'*Asie* tempérée, dans le Caucase, la Géorgie, l'Arménie et la Sibérie (Oural, Altaï, Baïkal). Distribution géographique.

Elle se rencontre surtout dans les champs, prés et pâturages à sol frais et calcaire ou dans les clairières des bois, et monte jusque dans la région alpine: ainsi, dans la Haute-Engadine, à Pontresina et Celerina, à 1850^{m}, et à 1300^{m} dans les Alpes de la Bavière. Stations. Limites d'altitude.

La lupuline résiste mieux au froid que le trèfle rouge. Bien que supportant assez bien la sécheresse elle n'en aime pas moins un climat à chaleur humide, et par conséquent elle donne en Angleterre des produits plus copieux que sous les climats secs du continent. Elle est aussi de plus longue durée dans les expositions chaudes. Valeur agricole.

Elle peut être cultivée en tous terrains qui ne soient pas trop pauvres et aient quelque humidité et une certaine dose de calcaire, excepté dans ceux qui sont acides et trop mouillés. On la voit réussir même sur les sols tourbeux et des sables passablement secs, pourvu qu'il s'y trouve du calcaire et qu'ils soient en bon état de fumure. Mais c'est sur les marnes argileuses qu'elle prospère le mieux. La nature du sous-sol ne lui importe guère, si tant est que celle de la couche végétale lui soit favorable. Cependant, comme nous l'avons remarqué, il convient de ne la cultiver que sur des terrains où ne réussissent plus nos meilleures espèces de trèfle. Sol.

D'après *Anderson* et *E. Marchand*, 100 kg. de foin tirent du sol: Epuisement du sol.

Acide phosphorique	$4._6$ kg.	Chaux	$15._4$ kg.
Potasse	$17._3$ kg.	Acide sulfurique	$2._2$ kg.
Soude	$4._5$ kg.	Silice	$1._9$ kg.
Magnésie	$4._7$ kg.		

La proportion d'azote est, suivant *Wolff*, de $2._4$ % ou $24._2$ ‰.

On voit donc que cette plante exige beaucoup du sol, et, comme elle ne s'enracine pas profondément, elle est obligée de prendre dans la couche arable la plus grande partie de sa subsistance minérale.

Il est mieux de la faire succéder à une récolte qui a été fumée que de lui servir du fumier frais. On prétend même que celui-ci lui est contraire. Il est certain que ce fourrage, à cause de ses tiges étalées sur le sol, s'imprègne facilement du goût de l'engrais et que par là il répugne au bétail, surtout à celui qui doit le brouter. Il est très-profitable de lui marner ou chauler un sol pauvre en calcaire. Le plâtrage aussi en aide beaucoup le développement; et sur des prés qui ont été amendés au moyen de cendres ou d'engrais artificiels il apparaît souvent de la lupuline en grande quantité, pendant qu'auparavant on n'en avait point remarqué, et c'est là une preuve que ces engrais lui conviennent fort. Sur des terrains fumés pauvrement cette plante n'a souvent qu'une hauteur de quelques centimètres, mais aussitôt qu'elle a été secourue par des engrais artificiels, notamment par ceux à base de potasse ou d'acide phosphorique, on lui voit prendre un développement énorme. Elle est de nature à se passer d'être arrosée. Engrais.

Végétation.

Végétation, rendement et valeur fourragère. La lupuline étale sur le sol des tiges ayant jusqu'à deux pieds de longueur; mais elles se relèvent quelque peu, si les plantes sont serrées entre elles et surtout en mélange avec des espèces fourragères à tiges dressées. Mais comme la partie inférieure de celles de la lupuline reste toujours couchée à terre, le sol finit par en être tout recouvert. Ces tiges sont molles, succulentes et garnies de beaucoup de petites feuilles.

Développement.

Après le semis cette plante est prompte à se développer, et, quand il a été fait au printemps, elle fournit déjà la première année son rendement principal. Dans la seconde, il arrive ordinairement qu'elle dépérit après la première coupe. Au printemps, elle pousse d'aussi bonne heure que la luzerne, et, dans les expositions chaudes, elle se met à fleurir déjà à la fin de mai, soit de dix à quinze jours plus tôt que le trèfle rouge. Il en repousse facilement des tiges et des fleurs pour une seconde coupe, mais d'ordinaire celle-ci n'est pas aussi productive que la première. Les tiges étant couchées, elles sont difficiles à trancher à la faux et leur partie inférieure y échappe le plus souvent: aussi la lupuline est-elle propre à former plutôt des prés à brouter que des prés à faucher. Elle supporte mieux le pâturage que le trèfle rouge et la luzerne, et au printemps on peut commencer de bonne heure à la faire pâturer.

Rendement.

Werner estime que la moyenne du produit en foin est, par hectare, de 40 à 60 quintaux sur les terres légères et sablonneuses, et de 80 quint. sur les sols de meilleure qualité.

Valeur fourragère.

En 100 kg. il est contenu:

	en sec.		en vert.	
Eau	14.0 %		80.0 %	
Matière organique	79.8 %		18.5 %	
Albumine	15.1 %	dont la partie assimilable est de 9.4 %	3.5 %	dont la partie assimilable est de 2.2 %
Graisse	3.4 %	» » » » 2.1 %	0.8 %	» » » » 0.5 %
Fibre ligneuse	27.1 %	» » » » 37.6 %	6.0 %	» » » » 8.7 %
Substances extractives non azotées	34.2 %		8.2 %	
Proportion des éléments nutritifs	1 : 4.5		1 : 4.6	

Ce fourrage est donc sensiblement plus nourrissant qu'un foin de trèfle rouge de moyenne qualité, et il se recommande en outre par ses propriétés physiques. Comme les plantes ne durcissent pas, elles sont mangées volontiers du bétail, quoiqu'elles possèdent une légère amertume. D'après *Giersberg* le beurre acquiert de là un goût de noix et une belle couleur jaune.

Récolte des semences.

Récolte, impuretés et falsifications de la semence. La lupuline donne une très-grande quantité de graines. En la semant au printemps dans une céréale d'été, on peut en obtenir de la semence encore dans l'automne. Les premières graines sont déjà mûres lorsque les épis supérieurs ne font que commencer à fleurir. Il ne faut donc jamais compter de récolter la totalité des graines, et cela d'autant moins que les gousses tombent facilement. On se met à couper lorsque la plus grande partie des graines est arrivée à maturité, ce qui se remarque à la couleur noire qu'ont prise la plupart des gousses. Si on le fait sur la première coupe, la chose a lieu de la fin de juin au commencement de juillet. On doit user de beaucoup de précautions dans cette récolte, afin de perdre le moins possible de semence. Les gousses sont faciles à détacher par un battage, et souvent cela se pratique sur le pré même en frappant d'une fourche les plantes amassées sur un drap. Ce qui est plus difficile c'est d'extraire la semence des gousses, qui sont très-coriaces. Cela se fait le mieux au moyen des égrenoirs à trèfle. Mais on peut le faire aussi par des battages répétés et suivis chacun d'un tamisage des graines sorties, de la manière indiquée pour le trèfle rouge. Dans ces opérations il arrive souvent qu'une très-grande partie de la semence est plus ou moins endommagée, et de là vient que dans celle du commerce il se trouve parfois de 10 à 20% de débris, et même davantage.

D'après *Werner* le produit en semence de l'hectare est de 10 à 16 quintaux. Rendement.

En fait d'impuretés et outre les débris mentionnés ci-dessus, cette semence contient souvent des graines de la moutarde sauvage (*Sinapis arvensis*, L.) et du plantain lancéolé (*Plantago lanceolata*, L.). Je n'y ai jamais découvert de sophistication; mais, en revanche, son bas prix la fait employer très-fréquemment à falsifier le trèfle rouge et la luzerne. Impuretés et falsifications.

Semence et semis. Une bonne qualité moyenne doit contenir 97% de graines pures, desquelles 85% possèdent la faculté germinative, ce qui fait une proportion de 82.5% de graines vraies et capables de germer. D'après nos recherches, un kilogramme de semence pure se compose en moyenne de 721,000 grains. L'hectolitre pèse de 80 à 82 kilos. En moyenne, l'on sème par hectare 21 kil. ou 1733 centièmes de kilo, et par arpent 7.5 kil. ou 619 centièmes de kilo. Cette semence s'emploie aussi en étant renfermée dans les gousses, et en ce cas il en faut prendre une quantité double. L'ensemencement peut se faire avec le semoir à trèfle. En ce qui concerne la récolte précédente, la préparation du sol et le recouvrement de la semence, nous renvoyons à ce qui a été dit pour la luzerne. On peut ou semer dans une céréale ou s'en dispenser. Qualité. Quantité. Semis.

La lupuline ne devrait jamais être semée pure, mais toujours en mélange avec des graminées et d'autres légumineuses trifoliolées, parmi lesquelles ce fourrage forme l'herbe basse. A cause de sa courte durée, elle n'est propre qu'à entrer dans un mélange de trèfles et de graminées, qui doit rester deux ans en exploitation. Pour des pâtures en terre sablonneuse on emploie souvent un mélange de 65% de trèfle blanc et de 35% de lupuline. Suivant que le sol est plus favorable à cette dernière, on en augmente la proportion et diminue celle du trèfle en question. Souvent il s'y ajoute encore du trèfle rouge et du ray-grass italien. La lupuline ne convient guère pour les prairies temporaires, et cela d'autant moins que le sol en est meilleur, car par le fort ombrage qu'elle donne et sa végétation ascendante et demi-grimpante, elle étouffe facilement les autres et meilleures espèces qu'elle-même. C'est la raison pourquoi toutes les plantes fourragères à tiges grimpantes ne sont pas à recommander pour des mélanges à mettre dans des prairies temporaires ou permanentes établies sur de bons terrains. Mélanges.

La lupuline est fort sujette à être confondue avec le trèfle jaune ou filiforme (*Trifolium filiforme*, L.) par quiconque ne connaît pas bien ces deux plantes. Mais la première se distingue principalement en ce que les pétales tombent après la floraison, de sorte que la gousse est mise à nu, tandis que chez la seconde ils persistent et enveloppent la gousse, qui est beaucoup plus petite que celle de la lupuline et non contournée au sommet. Ressemblance.

Explication de la planche 29.

(Les deux tiges fleurissantes en grandeur naturelle; figures 1—9 grossies 6 fois.

Figure 1. Fleur vue latéralement.
» 2. Fleur sans le calice.
» 3. Fleur sans le calice et l'étendard.
» 4. Carène et organes reproducteurs.
» 5. Organes de la reproduction.

Figure 6. Pistil.
» 7. Gousse.
» 8. Graine vue de profil.
» 9. Graine vue du côté du hile.

XXX. Le Lotier corniculé.

Lotus corniculatus, L.

Famille des Légumineuses.

Dénomination. Le nom français sous lequel nous présentons cette espèce fourragère est la traduction exacte de son nom botanique latin. Mais cette jolie plante, grâce à ses grandes fleurs d'un jaune vif, souvent lavées de rouge ou de vert, a depuis longtemps attiré l'attention de la population des campagnes et reçu une quantité de noms populaires, tels que Trèfle cornu, Cornette, Trèfle jaune, Pois joli, Mariée, petit Sabot, Pied de bon Dieu, Pied de pigeon ou de poule, Lotier des prés ou d'Allemagne, etc.

Histoire. Il y a deux siècles déjà qu'en Angleterre ce lotier était apprécié comme une plante fourragère excellente, et *Worlidge* (Mystery of Husbandry, 1681) le comptait parmi les meilleures avec le ray-grass anglais, l'esparcette, la luzerne, le trèfle, les vesces et la spergule. Cependant on ignore quand la culture en a commencé dans ce pays-là, où elle est aujourd'hui si commune. C'est *Schwerz* qui fut le premier à en signaler l'importance aux agriculteurs allemands.

Valeur agricole. En étant semé pur, le lotier n'est pas une plante productive, mais il est très-propre à être associé à des espèces fourragères d'une plus haute taille, parmi lesquelles il remplit les vides inférieurs du mélange et en augmente ainsi le rendement. Il est bon à la fois pour être fauché ou brouté, réussit presque en tout sol et dure longtemps. Ce sont là des qualités qui font du lotier une plante très-précieuse pour des pâtures ou des prairies de longue durée. Mais il convient fort aussi pour les prairies et les pâtures établies temporairement en des terrains où le trèfle rouge ne réussit plus. Un obstacle considérable à une extension plus grande de sa culture c'est que la semence en est d'un prix énormément élevé.

Description botanique. **Description botanique.** La racine est dauciforme, pivotante et descendant verticalement. Le tallage se fait par des pousses latérales basilaires, qui partent toutes ensemble et en faisceau resserré de la tête épaissie de la racine, en donnant des tiges étalées ou ascendantes; mais comme celles-ci ne sont jamais radicantes, il n'y a pas là des stolons et la souche, bien que cespiteuse, est à tête unique.

Tiges de 2—6^{dm}, anguleuses, pleines ou étroitement fistuleuses, étalées ou ascendantes-diffuses, et, suivant les variétés, soit glabres soit plus ou moins pubescentes. Feuilles composées de 5 folioles, éparses, très-brièvement pétiolées; folioles obovales-cunéiformes ou oblongues-lancéolées, glabrescentes, d'un vert foncé en-dessus et glauque en-dessous, les 2 inférieures séparées des 3 supérieures par un assez long espace (fig. A). Stipules avortées et réduites à des poils hispides ou glanduleux (fig. B). Ordinairement les 2 folioles inférieures, qui sont d'ailleurs pareilles aux autres, sont regardées comme des stipules; mais, avec *Ascherson*, il nous paraît plus naturel de croire qu'elles sont de véritables folioles. Fleurs

Medicago lupulina, L.

Gelbklee – Lupuline.

C. & L. Schröter ad. nat. del.

Lith. Genossenschaft Zürich.

brièvement pédicellées, réunies en glomérule ou ombelle sur un long pédoncule axillaire et dépassant la feuille, au nombre de 2 à 6, ordinairement étalées en cercle plus ou moins complet et munies à la base d'une bractée trifoliolée. Calice campanulé, glabre ou velu, selon les variétés, à 5 divisions triangulaires-subulées, dressées avant l'épanouissement de la fleur, à tube parcouru de 5 fortes nervures, qui aboutissent aux divisions, et de nombreuses veinules entrecroisées (fig. 2). Corolle d'un jaune d'or, à étendard lavé de rouge avant et souvent encore après l'épanouissement et devenant peu à peu d'un vert bleuâtre en se fanant. Etendard à onglet étroit, à limbe dressé verticalement et convexe en avant (fig. 3). Ailes à onglet étroit, à limbe fortement bombé et se présentant, vu de devant, sous forme hémisphérique (fig. 1). Carène (fig. 5) prolongée en bec conique, où sont cachés les organes reproducteurs (fig. 5, 7, 9). Des 10 étamines 9 ont, comme d'ordinaire, leurs filets soudés en un tube fendu supérieurement et enfermant le pistil, pendant que la 10me s'étend sur la fente de ce tube, en laissant aux deux côtés de sa base une petite ouverture qui ouvre un accès au nectar sécrété dans le fond du tube (fig. 6). *Herm. Müller* a montré que, dans le bouton (fig. 8), les parties libres des étamines sont de longueur égale et que les anthères émettent leur pollen dans l'intérieur du bec de la carène et se ratatinent ensuite. Mais, pendant que la fleur va s'épanouissant, les filets des 5 étamines extérieures s'allongent encore et s'épaississent en massue à leur sommet, en bouchant inférieurement, comme le montre la fig. 9, le bec de la carène rempli de pollen. Le pistil se compose d'un ovaire pluriovulé, cylindrique, allongé et recourbé en haut, d'un style raide, sétacé, tourné en dessus à angle obtus et à partir du sommet de l'ovaire, et d'un petit stigmate capité, qui s'élève dans le bec de la carène bien au-dessus des anthères.

Suivant *H. Müller*, la visite des insectes produit dans cette fleur les phénomènes suivants. L'abaissement des ailes et de la carène sous le poids d'un insecte force les extrémités épaissies des filets à se pousser, à la manière d'un piston de pompe, dans le creux de la partie antérieure de la carène, et, par l'ouverture qui est à la pointe de celle-ci, il sort alors, sous forme d'un petit boyau, une certaine quantité du pollen qu'elle contenait et qui se colle à la face inférieure de l'insecte. Si les ailes et la carène sont encore déprimées davantage, le stigmate aussi fait saillie et se frotte à l'abdomen de l'insecte butinant. Il est clair qu'en ce cas le stigmate peut être imprégné aussi bien de pollen apporté d'une fleur visitée auparavant que de celui qui vient d'être exprimé de sa propre fleur. Comme il n'a pas été fait d'expériences sur la fécondité de ce lotier en le préservant de la visite des insectes, on ne sait pas bien quel est l'effet de leur butinage dans ses fleurs.

Le fruit est une gousse cylindrique, longue de 25–27 et épaisse de 3–4^{mm}, brune et à surface ridée-réticulée, à graines nombreuses, séparées entre elles par des épaississements celluleux (fig. 11), et s'ouvrant en deux valves qui se tordent sur elles-mêmes en sens opposé (fig. 12). Graines ovoïdes, légèrement aplaties, brunes, luisantes (fig. 13, 14), longues de $1-1_{,25}$^{mm}, à hile blanchâtre et arrondi, situé dans une petite dépression de l'un des côtés étrécis. Les graines du lotier *à feuilles menues* sont identiques à celles-ci, tandisque celles du lotier *des marais* sont beaucoup plus petites (longues de $0_{,75}-1$^{mm}) et d'un vert olivâtre.

Variétés. En agriculture on s'occupe principalement des trois variétés suivantes de cette espèce fourragère: 1° Le **lotier corniculé ordinaire** *(Lotus corniculatus* var. *vulgaris)*. C'est la forme qui est de beaucoup la plus commune, celle qui vient d'être décrite et est représentée sur la planche 30. Tout ce qui est noté dans cette description se rapporte donc à elle, sauf avis contraire. 2° Le **lotier corniculé à feuilles menues** *(Lotus corniculatus* var. *tenuifolius)*. Celui-ci devient aussi grand et même plus que le précédent, mais s'en distingue par des folioles et des stipules très-étroites, lancéolées ou linéaires (fig. C), qui lui donnent un aspect tout différent de la forme ordinaire et l'ont même fait élever au rang d'espèce propre, sous le nom de *Lotus tenuis*, Kitaibel. Il se rencontre surtout dans les terrains salins et a beaucoup de valeur pour la culture des sols de cette nature. La semence offerte par le commerce sous le nom de « lotier à gros grains », appartient généralement à cette variété. 3° Le **lotier corniculé velu** (*Lotus corniculatus* var. *villosus*). Toute la plante est velue ou hérissée de poils et plus droite que la forme ordinaire, mais du reste pareille à celle-là. Elle croît surtout dans les défrichés de bruyères. La semence passant dans le commerce comme celle du *Lotus villosus* provient le plus souvent du lotier des marais, *Lotus uliginosus*, Schkuhr. Chez toutes ces trois variétés il s'observe des transitions de l'une aux autres.

Variétés.

Distribution géographique.

Habitat, climat, sol, engrais. La variété la plus commune, celle du Lotier corniculé ordinaire, est répandue: dans toute l'*Europe*, excepté dans la Laponie et le Nord de la Russie, mais dans les contrées méridionales c'est une plante des régions montagneuses ou alpestres; dans l'*Afrique* septentrionale (Barbarie, Egypte, Abyssinie); en *Asie* dans le Caucase, toute l'Anatolie, l'Oural, l'Altaï et le Japon. Il manque à l'*Amérique du Nord* et a été introduit dans l'*Australie*. — La variété à feuilles menues se trouve dans toute l'Europe, excepté dans la Norwège, la plus grande partie de la Suède, de la Finlande, de la Russie septentrionale et centrale, de l'Espagne et du Portugal. Elle manque à l'Afrique, à l'Asie et à l'Amérique.

Stations.

Le lotier corniculé croît spontanément aux bords des chemins, à la lisière des champs et des bois, dans les prés et les pâturages élevés.

Limites d'altitude.

Dans les Alpes de la Suisse il monte jusqu'à la hauteur de 2600ᵐ [Haute-Engadine, à 1700ᵐ; au Joch, près de Churwalden, à 2000ᵐ; au Schwefelberg, dans les Alpes fribourgeoises, à 1400—1800ᵐ; sur les moraines du glacier de l'Eiger, à 2000ᵐ; de 1800 à 2600ᵐ il se rencontre des formes alpines (*alpestris* et *glacialis*)]. Dans les Alpes de la Bavière, il se trouve encore à environ 1800ᵐ, dans les Pyrénées, au Pic du Midi, à 2800ᵐ, dans l'Espagne à 3300ᵐ, et enfin à 2400ᵐ dans le Caucase.

Climat.

Il supporte les expositions les plus âpres et résiste fort à la sécheresse, pourvu que le sol soit quelque peu fertile, mais il ne s'y développe que maigrement. Les contrées où il prospère le mieux sont celles dont l'atmosphère est très-humide: aussi est-ce surtout dans les pays de montagne ou du littoral des mers qu'il abonde à l'état sauvage.

Sol.

La culture de ce fourrage réussit sur presque toute sorte de terrains, qu'ils soient arides ou humides, secs ou frais, sablonneux ou argileux, limoneux ou calcaires, marécageux ou salins. Mais elle convient surtout pour les terres sèches, maigres et situées sur des hauteurs, où elle est plus productive que celle de toute autre légumineuse fourragère.

Epuisement du sol.

D'après nos analyses, il se trouve dans 1000 kg. de foin $25._4$ kg. d'azote et $79._1$ kg. de cendres, celles-ci étant composées comme suit:

Acide phosphorique	$10._0$ kg.	Chaux	$20._8$ kg.
Potasse	$23._3$ »	Acide sulfurique	$2._4$ »
Soude	$0._9$ »	Silice	$7._3$ »
Magnésie	$5._2$ »		

Engrais.

Le lotier, de même que la lupuline, aime que sa couche arable soit riche, tout en étant bien moins exigeant que celle-là. Il possède au plus haut degré la propriété de tirer partie des éléments minéraux du sol, en rendant solubles ceux qui ne l'étaient pas. Comme pour les autres légumineuses trifoliolées, le plâtre est ici d'une influence favorable.

Végétation.

Végétation, rendement, valeur fourragère. La tige de cette plante est d'une substance ferme, et, comme celle de la lupuline, étalée par sa base, mais non radicante, et devenant ascendante peu à peu. C'est pourquoi le lotier recouvre le sol assez complètement, mais sans le revêtir d'un tissu bien dense. Quand il est en pieds très-rapprochés et en mélange avec des espèces hautes et droites, il s'allonge aussi et se redresse davantage. Sa racine pénètre dans le sol à une profondeur assez grande. Il n'arrive que dans la deuxième année à son plein développement. Au printemps, il se met à pousser en même temps que le trèfle rouge et il fleurit à la fin de mai ou au commencement de juin. Le regain en est maigre, bien qu'après avoir été coupée la plante produise dans la même année des tiges nouvelles et qui viennent à fleur.

Développement.

On trouve dans cette espèce fourragère son maximum de substances nutritives en la récoltant à l'époque de la pleine floraison. Elle s'utilise aussi bien à l'état sec qu'à l'état vert, et, dans ce dernier cas, en mélange avec d'autres plantes; elle est bonne également à être pâturée. Mais quand elle s'emploie en vert, il importe de faucher avant la floraison, car la matière colorante des fleurs épanouies est d'une amertume désagréable au bétail. C'est pourquoi, dans les pâtures, on le voit souvent refuser de toucher aux tiges qui sont en fleurs depuis quelque temps. Comme les feuilles de ce lotier, qui sont d'une substance un peu épaisse et très-nourrissantes, tombent facilement pendant le fanage, il faut veiller à ce que la récolte ne soit remuée que le moins possible. Récolte.

100 kg. de plantes vertes donnent, d'après *Nicklès*, 25 kg. de foin, et 31 kg. d'après *Sinclair*; et *Ritthausen* estime qu'à l'état vert ce fourrage contient 79.$_3$% d'eau. *Sinclair* a obtenu d'une forte terre limoneuse 72 quintaux de foin par hectare. Cette espèce n'est donc pas d'un produit considérable, et c'est pour cela qu'elle ne mérite d'être cultivée que comme herbe basse mélangée avec d'autres plantes. Rendement.

100 kg. de lotier corniculé, récolté en fleur sur la pente méridionale du Zürichberg, contenaient, en comptant à 14% la proportion d'eau, 77.$_0$% de matière organique, ainsi composée: Valeur fourragère.

Substances azotées (azote × 6.$_{25}$)	15.$_7$%
(Azote dans l'albumine 1.$_{91}$%, dans le suc privé d'albumine . . .	0.$_{60}$%)
Graisse	3.$_7$ »
Fibre ligneuse	22.$_0$ »
Substances extractives non azotées	36.$_5$ »

D'après une analyse de *Ritthausen*, il s'y est trouvé 79.$_4$% de matière organique, soit 13.$_3$% de substances azotés, et 44.$_2$% de graisse et de substances extractives non azotées et 21.$_9$% de fibre ligneuse.

Ce fourrage est donc très-nourrissant, et à ce titre il l'emporte sensiblement sur un foin de trèfle rouge de qualité moyenne. La couleur intense des fleurs se communique au lait des vaches nourries de ce lotier et se retrouve même dans le beurre qui s'en prépare et qui est d'un jaune vif.

Récolte, impuretés et falsifications de la semence. Elle se prend sur la première coupe et mûrit de la fin de juillet au commencement d'août. Comme les gousses s'ouvrent facilement pendant la récolte, il faut avoir soin de ne pas laisser venir les graines à maturité complète, mais de couper lorsque les gousses commencent à brunir. Quand on enlève celles-ci à la main sur le pré même, on le fait après qu'elles sont devenues brunes et ensuite elles sont épandues en un endroit bien aéré, pour accomplir leur maturation et où elles éclatent d'elles-mêmes. Dans le fruit de cette plante il n'y a qu'une petite quantité des nombreux ovules qui se développe en bonnes graines: il se produit donc peu de semence du lotier corniculé, et, par conséquent, elle est très-chère et coûte de 4 à 8 francs le kilogramme. Récolte.

En fait d'impuretés, elle contient souvent de la graine de moutarde sauvage (*Sinapis arvensis*, L.), qui est plus arrondie et d'une couleur plus foncée, et se caractérise, comme chacun le sait, par sa piquante saveur. On prétend même qu'elle y est mêlée frauduleusement. La semence offerte dans le commerce comme celle du Lotier corniculé dit «élevé, velu, à petits grains» ou *Lotus villosus* est le plus souvent celle du lotier des marais ou *Lotus uliginosus*, Schk., dont la valeur agricole consiste surtout en ce qu'il peut être cultivé dans les terrains marécageux. Cette semence est Impuretés et falsifications.

de moitié moins chère que l'autre, à grains beaucoup plus petits et d'un beau vert-olivâtre. Parmi les semences du commerce, ce n'est que celle à gros grains luisants et bruns qui représente le vrai lotier corniculé, et, d'après nos expériences de culture, elle appartient généralement à la variété à feuilles menues, *Lotus corniculatus* var. *tenuifolius*. Les deux autres variétés principales, *Lotus corniculatus* var. *vulgaris* et *villosus*, paraissent être rares dans le commerce, à en juger par nos essais de semis. La graine est identique chez les trois variétés. Sous le nom de Lotier à gros grains j'ai reçu, il y a deux ans, un échantillon de semence qui, après un examen attentif, s'est trouvé être celle de la germandrée petit-chêne, *Teucrium Chamædrys*, L. La nucule de cette espèce a quelque ressemblance avec la graine du lotier, mais elle est mate et d'un brun plus foncé et présente, au côté de la base, un hile beaucoup plus grand. Elle est un peu cunéiforme, pointue à la base et ordinairement aplatie sur deux faces par suite de la compression exercée entre eux par les quatre carpelles assis au fond du calice persistant. On y rencontre plus rarement des nucules tout arrondies, qui proviennent de fleurs où il ne s'est développé qu'un ou deux des 4 carpelles du fruit.

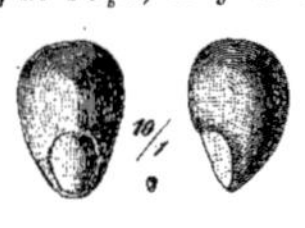

Fig. 71.
Germandrée petit-chêne, *Teucrium Chamædrys*, L. Carpelles secs ou nucules.
a. en grandeur naturelle.
b. vu sur le côté du hile grossi 10 fois.
c. vu de profil, grossi 10 fois.

Qualité. **Semence et semis.** La semence du commerce contient en moyenne 85% de graines pures, desquelles 50% possèdent la faculté germinative: cela fait une proportion de 42.5% de graines vraies et capables de germer. Dans la détermination de la faculté germinative, cette qualité a été attribuée au tiers (10%) des grains restés durs (31%). Le kilo de semence pure du lotier corniculé comprend 825,000 grains, tandis que celle du lotier des marais en a 1,878,000 au même poids. L'hectolitre pèse 75 kilogrammes.

Quantité. On sème en moyenne, par hectare 12.5 kil. ou 531 centièmes de kilo, et, par arpent, 4.5 kil. ou 191 centièmes de kilo.

Semis. Quand le lotier est mis en mélange, on le sème d'ordinaire au printemps, et plus rarement en automne. La graine est lente à lever. En ce qui concerne la récolte précédente, la préparation du sol et le recouvrement de la semence, nous renvoyons à ce qui a été dit pour la luzerne. Il est habituellement semé dans une autre plante. Comme il ombrage fortement le sol, il le laisse en bon état.

Mélanges. Le lotier, ainsi que nous l'avons déjà remarqué, est rarement semé pur: il n'a généralement toute sa valeur qu'en étant mis en mélange, notamment comme herbe basse dans les prairies permanentes, dont il augmente alors beaucoup le produit. Comme, en outre, la durée en est assez longue, il ne devrait manquer dans aucun mélange cultivé sur les prairies de ce genre.

Lotier des marais. Le lotier des marais ou *Lotus uliginosus*, Schk., dont la semence se trouve dans le commerce avec la dénomination de *Lotus villosus*, est une espèce fourragère bonne à cultiver dans les terrains indiqués par son nom; sur ceux d'autre nature, la plante reste plus petite et se développe plus tard que le lotier corniculé ordinaire.

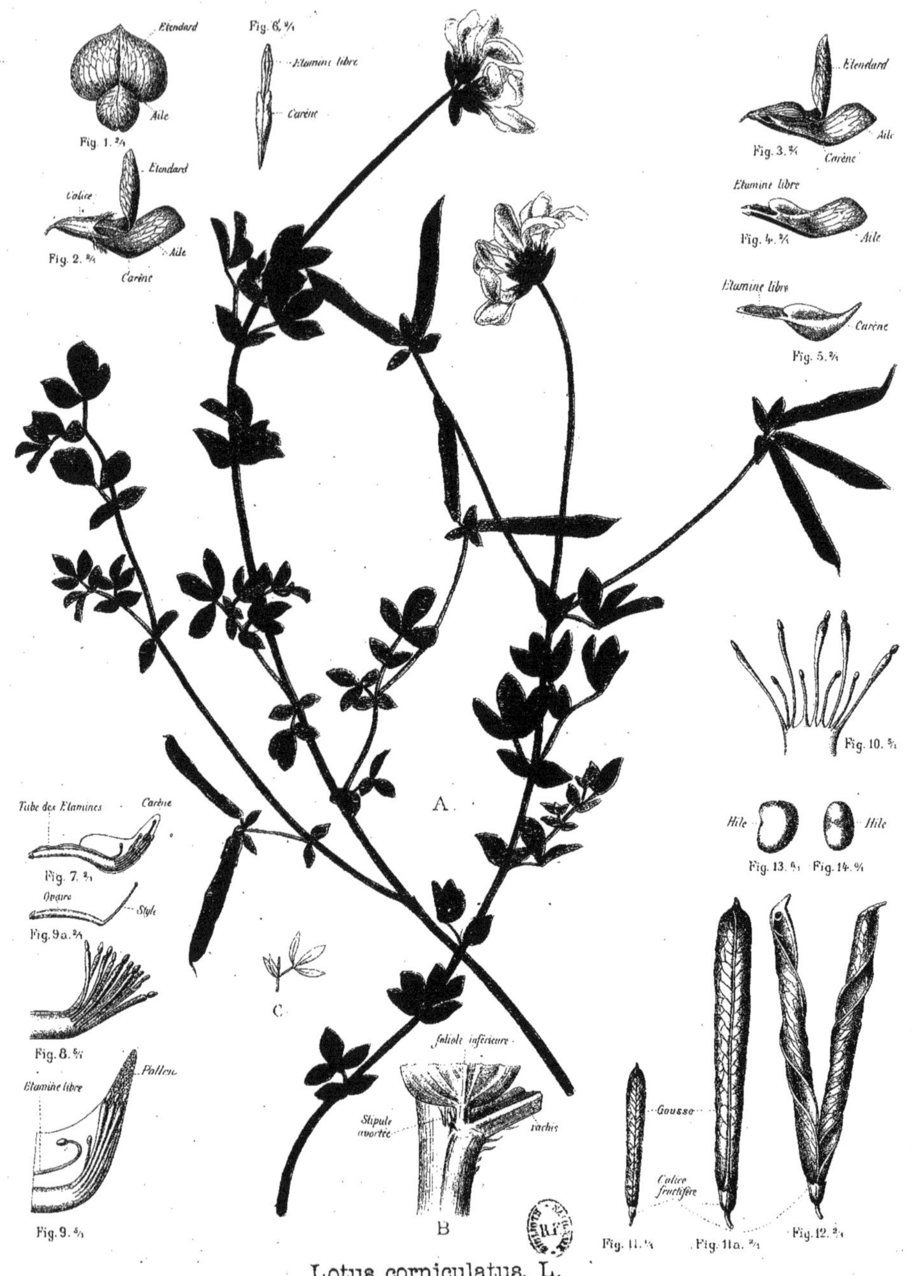

Lotus corniculatus, L.

Lotier corniculé.

C. & L. Schröter ad. nat. del.

Lith. Genossenschaft Zürich.

Explication de la planche 30.

Fig. A. Deux tiges avec fleurs et fruits.
» B. Partie inférieure d'une feuille avec ses stipules.
» C. Feuille de *Lotus tenuifolius*.
» 1. Fleur vue de devant.
» 2. Fleur vue de côté.
» 3. Fleur après ablation du calice.
» 4. Fleur après ablation du calice et de l'étendard.
» 5. Carène et organes reproducteurs vus de côté.
» 6. Carène vue de dessus.
» 7. Carène vue de côté, après ablation de son pétale antérieur.

Fig. 8. Organes reproducteurs dans le bouton (d'après Herm. Müller).
» 9. Organes reproducteurs et bec de la carène dans une fleur épanouie (d'après Herm. Müller).
» 9 a Pistil.
» 10. Tube étalé des 9 étamines soudées.
» 11. Gousse fermée, de grand. natur.
» 11 a La même, grossie.
» 12. Gousse ouverte ou déhiscente.
» 13. Graine vue de profil.
» 14. Graine vue du côté du hile.

APPENDICE.

Tableau I. **Quantité de semence par arpent (36 ares).**

Nro.	Espèce de semence	Quantité normale de semence en centièmes de kilo	Quantité de semence en centièmes de kilo avec un surplus de:							
			10 %	20 %	30 %	40 %	50 %	60 %	70 %	80 %
16	Alpiste roseau	485	534	582	631	679	728	776	825	873
17	Pâturin des prés	336	370	403	437	470	504	538	571	605
18	Pâturin commun	360	396	432	468	504	540	576	612	648
20	Fétuque ovine	540	594	648	702	756	810	864	918	972
21	Fétuque rouge traçante . .	531	584	637	690	743	797	850	903	956
22	Fétuque rouge hétérophylle .	788	867	946	1024	1103	1182	1261	1340	1418
23	Brome dressé	1126	1239	1351	1464	1576	1689	1802	1914	2027
24	Brome inerme	1458	1604	1750	1895	2041	2187	2333	2479	2624
25	Crételle des prés	540	549	648	702	756	810	864	918	972
26	Galéga	283	311	340	368	396	425	453	481	509
27	Anthyllide	641	705	769	833	897	962	1026	1090	1154
28	Luzerne	926	1019	1111	1204	1296	1389	1482	1574	1667
29	Lupuline	619	681	743	805	867	929	990	1052	1114
30	Lotier corniculé	191	210	229	248	267	287	306	325	344

Tableau II. **Quantité de semence par arpent.**

Nro.	Espèce de semence	Quantité normale de semence en kilogrammes	Quantité de semence en kilogrammes avec un surplus de:							
			10 %	20 %	30 %	40 %	50 %	60 %	70 %	80 %
16	Alpiste roseau	8.5	9.4	10.2	11.1	11.9	12.8	13.6	14.5	15.3
17	Pâturin des prés	7	7.7	8.4	9.1	9.8	10.5	11.2	11.9	12.6
18	Pâturin commun	8	8.8	9.6	10.4	11.2	12.0	12.8	13.6	14.4
20	Fétuque ovine	12	13.2	14.4	15.6	16.8	18.0	19.2	20.4	21.6
21	Fétuque rouge traçante . .	12.5	13.8	15.0	16.3	17.5	18.8	20.0	21.3	22.5
22	Fétuque rouge hétérophylle .	13.5	14.9	16.2	17.6	18.9	20.3	21.6	23.0	24.8
23	Brome dressé	22	24.2	26.4	28.6	30.8	33.0	35.2	37.4	39.6
24	Brome inerme	18	19.8	21.6	23.4	25.2	27.0	28.8	30.6	32.4
25	Crételle des prés	10	11.0	12.0	13.0	14.0	15.0	16.0	17.0	18.0
26	Galéga	9	9.9	10.8	11.7	12.6	13.5	14.4	15.3	16.2
27	Anthyllide	7.5	8.3	9.0	9.8	10.5	11.3	12.0	12.8	13.5
28	Luzerne	10.5	11.6	12.6	13.7	14.7	15.8	16.8	17.9	18.9
29	Lupuline	7.5	8.3	9.0	9.8	10.5	11.3	12.0	12.8	13.5
30	Lotier corniculé	4.5	5.0	5.4	5.9	6.3	6.8	7.2	7.7	8.1

Tableau III. **Quantité de semence par hectare.**

Nro.	Espèce de semence	Quantité normale de semence en centièmes de kilo	Quantité de semence en centièmes de kilo avec un surplus de:							
			10 %	20 %	30 %	40 %	50 %	60 %	70 %	80 %
16	Alpiste roseau	1368	1505	1642	1778	1915	2052	2189	2326	2462
17	Pâturin des prés	960	1056	1152	1248	1344	1440	1536	1632	1728
18	Pâturin commun	990	1089	1188	1287	1386	1485	1584	1683	1782
20	Fétuque ovine	1440	1584	1728	1872	2016	2160	2304	2448	2592
21	Fétuque rouge traçante . .	1488	1637	1786	1934	2083	2232	2381	2530	2678
22	Fétuque rouge hétérophylle .	2219	2441	2663	2885	3107	3329	3550	3772	3994
23	Brome dressé	3072	3379	3686	3994	4301	4608	4915	5222	5530
24	Brome inerme	4050	4455	4860	5265	5670	6075	6480	6885	7290
25	Crételle des prés	1512	1663	1814	1966	2117	2268	2419	2570	2722
26	Galéga	785	864	942	1021	1099	1178	1256	1335	1413
27	Anthyllide	1710	1881	2052	2223	2394	2565	2736	2907	3078
28	Luzerne	2559	2815	3071	3327	3583	3839	4094	4350	4606
29	Lupuline	1733	1906	2080	2253	2426	2600	2773	2946	3119
30	Lotier corniculé	531	584	637	690	743	797	850	903	956

Tableau IV. **Quantité de semence par hectare.**

Nro.	Espèce de semence	Quantité normale de semence en kilogrammes	Quantité de semence en kilogrammes avec un surplus de:							
			10 %	20 %	30 %	40 %	50 %	60 %	70 %	80 %
16	Alpiste roseau	24	26.4	28.8	31.2	33.6	36.0	34.4	40.8	43.2
17	Pâturin des prés	20	22.0	24.0	26.0	28.0	30.0	32.0	34.0	36.0
18	Pâturin commun	22	24.0	26.4	28.6	30.8	33.0	35.2	37.4	39.6
20	Fétuque ovine	32	25.2	38.4	41.6	44.8	48.0	51.2	54.4	57.6
21	Fétuque rouge traçante . .	35	38.5	42.0	45.5	49.0	52.5	56.0	59.5	63.0
22	Fétuque rouge hétérophylle .	38	41.8	45.6	49.4	53.2	57.0	60.8	64.6	68.4
23	Brome dressé	60	66.0	72.0	78.0	84.0	90.0	96.0	102.0	108.0
24	Brome inerme	50	55.0	60.0	65.0	70.0	75.0	80.0	85.0	90.0
25	Crételle des prés	28	30.8	33.6	36.4	39.2	42.0	44.8	47.6	50.4
26	Galéga	25	27.5	30.0	32.5	35.0	37.5	40.0	42.5	45.0
27	Anthyllide	20	22.0	24.0	26.0	28.0	30.0	32.0	34.0	36.0
28	Luzerne	29	31.9	34.8	37.7	40.6	43.5	46.4	49.3	52.2
29	Lupuline	21	23.1	25.2	27.3	29.4	31.5	33.0	35.7	37.8
30	Lotier corniculé	12.5	13.8	15.0	16.3	16.5	18.8	20.0	21.3	22.5

Tableau de la valeur fourragère

Tableau V. de 100 kg. de foin, avec 14 % d'eau.

Nro.	Espèce de plante	Auteurs des analyses	Cendres	Matière organique	La matière organique consiste en:			
					Albumine (Az. × 6.25)	Graisse	Fibre végétale	Substances extractives non azotées
			kg.	kg.	kg.	kg.	kg.	kg.
1	Ray-grass anglais	Tableaux de Wolff	6.5	79.5	10.2	2.7	30.3	36.3
2	Ray-grass italien	»	7.0	78.1	11.2	3.2	23.0	40.8
3	Dactyle aggloméré	Way	4.6	81.4	11.6	2.7	29.0	38.1
	»	Ritthausen & Scheven	5.9	80.1	7.4	2.0	39.6	31.1
	»	Collier	7.5	78.5	7.2	3.0	21.4	46.9
	» Pousses de feuilles de 2e coupe	Jos. Frey, pré de l'hôpital	9.6	76.1	10.2	3.0	25.2	38.0
4	Fétuque des prés	Ritthausen & Scheven	5.7	80.3	8.3	2.7	34.5	34.8
	»	Wolff	4.5	81.5	10.2	1.8	32.6	36.9
	»	Arendt	6.2	79.8	6.4	1.6	—	—
	»	Collier	8.1	77.0	9.2	2.3	20.8	45.1
5	Fromental	Tableaux de Wolff	9.9	76.1	11.1	2.7	29.5	32.4
6	Avoine jaunâtre	Way	5.9	80.1	6.4	2.3	30.9	40.5
	»	Ritthausen & Scheven	6.2	79.8	7.0	1.7	34.6	36.5
7	Houlque laineuse	Way	5.5	80.5	9.9	3.1	33.8	33.7
	»	Ritthausen & Scheven	8.3	77.7	7.9	1.7	35.3	32.8
8	Fléole des prés	Tableaux de Wolff	4.5	81.5	9.7	3.0	22.8	46.0
	»	Jos. Frey, champ d'essais	6.7	79.3	5.9	2.6	29.9	40.9
9	Vulpin des prés	Way	6.6	79.4	10.6	2.5	29.1	37.2
	»	Ritthausen & Scheven	5.4	80.6	7.0	2.1	40.1	31.4
	»	Jos. Frey, champ d'essais	10.6	75.4	6.9	1.5	27.8	39.2
	» Pousses de feuilles de 2e coupe	» pré de l'hôpital	7.9	78.1	10.9	3.8	28.1	35.3
10	Flouve odorante	» Zürichberg	5.1	80.9	6.8	1.8	29.4	42.9
	»	Way	5.4	80.6	8.9	2.9	31.3	37.5
	»	Wolff	5.1	80.9	4.6	—	36.0	39.2 *)
	»	Peters	6.3	79.7	8.0	2.9	22.1	46.1
	»	Collier	7.6	78.4	7.3	2.9	22.1	46.1
12	Trèfle rouge, moins bon	Tableaux de Wolff	5.2	80.8	11.2	2.1	29.3	38.2
	» moyen	»	5.4	80.6	12.7	2.2	26.6	39.1
	» très bon	»	6.2	79.8	13.9	3.0	24.7	38.2
	» excellent	»	7.2	78.8	15.7	3.3	22.9	36.9
13	Trèfle hybride	»	6.2	79.6	15.4	3.4	27.6	33.4
14	Trèfle blanc	»	6.2	79.8	14.9	3.6	26.4	34.9
15	Esparcette	»	6.4	79.6	13.7	2.6	27.9	35.4
16	Alpiste roseau	Barbieri, champ d'essais	7.2	78.8	4.2	1.2	29.8	43.6
	»	Ritthausen & Scheven	7.2	78.8	5.3	1.1	37.4	35.0
17	Pâturin des prés	Barbieri, champ d'essais	6.2	79.8	6.2	1.4	41.9	30.3
	»	Way	5.1	80.9	8.9	2.3	32.7	37.0
	»	Ritthausen & Scheven	4.1	81.9	9.1	2.5	35.4	34.9
	»	Collier I.	4.5	81.5	10.0	2.5	24.0	45.0
	»	» II.	4.7	81.3	6.4	4.2	19.4	51.3
18	Pâturin commun	Barbieri, champ d'essais	9.0	77.0	6.1	2.2	29.9	38.8
	»	Ritthausen & Scheven	6.2	79.8	9.0	3.2	34.5	33.1
	»	Way	7.1	78.9	8.4	3.2	33.0	34.3
19	Pâturin des Alpes *(vivipare)*	Barbieri, champ d'essais	12.9	73.1	10.6	3.6	22.8	36.9
20	Fétuque ovine	Barbieri, champ d'essais	7.8	78.2	7.4	3.0	31.6	36.2
	»	Collier	4.3	81.7	5.6	3.7	72.4	
	»	Way	4.6	81.4	10.4	2.9	33.3	34.8
21	Fétuque rouge traçante	Barbieri, champ d'essais	6.9	79.1	4.9	2.4	33.5	38.3
	»	Ritthausen & Scheven	5.6	80.4	7.8	1.6	39.2	31.8
22	Fétuque rouge hétérophylle	Barbieri, champ d'essais	8.1	77.9	5.5	2.6	38.9	30.7
23	Brome dressé	Barbieri, Zürichberg	5.7	80.3	8.9	2.2	32.1	37.1
	»	Way	4.5	81.5	8.1	2.8	70.6	
24	Brome inerme	Barbieri, champ d'essais	7.6	78.4	4.8	1.6	36.2	35.8
25	Crételle des prés	Way	5.6	80.4	9.5	3.1	22.6	45.2
	»	Ritthausen & Scheven	7.2	78.8	6.6	2.2	36.7	33.3
	»	Arendt	7.1	78.9	14.3	3.5	—	—
26	Galéga	Barbieri, champ d'essais	7.3	78.7	17.1	1.4	34.1	26.1
27	Anthyllide	Tableaux de Wolff	6.6	79.4	14.2	2.6	26.3	36.3
	»	Barbieri, champ d'essais	9.3	76.7	12.8	1.9	36.4	25.6
28	Luzerne, qual. moyenne	Tableaux de Wolff	6.4	79.6	14.8	2.6	33.7	28.5
	» très bonne	»	7.0	79.0	16.5	2.6	27.4	32.5
29	Lupuline	»	6.2	79.8	15.1	3.4	27.1	34.2
30	Lotier corniculé ordin.	Barbieri, Zürichberg	8.1	77.9	15.7	3.7	22.0	36.6
	»	Ritthausen	6.6	79.4	18.3	—	21.9	44.2 *)
	Foin de prairie de qualité moyenne	Tableaux de Wolff	6.2	79.8	9.7	2.5	26.4	41.6

*) Graisse comprise.

Tableau pour le calcul de l'épuisement du sol.

bleau VI. En 1000 kg. de foin, avec 14 % d'eau, se trouvent:

Espèce de plante	Auteurs des analyses	Cendres	Azote	Les cendres consistent en:								
				Acide phosphorique	Potasse	Soude	Chaux	Magnésie	Acide sulfurique	Silice	Oxyde de fer	Chlore
		kg.	kg.	kg.	kg.	kg.	kg.	kg.	kg.	kg.	kg.	kg.
Ray-grass anglais	Tableaux de Wolff	104.2	18.9	10.0	39.8	1.3	10.6	2.4	6.0	29.7	1.1	5.8
Ray-grass italien	Way & Ogoston	59.9	20.6	3.8	7.5	3.1	6.0	1.3	1.7	35.5	0.5	8.3
Dactyle aggloméré	Tableaux de Wolff	51.0	18.3	3.7	16.8	2.2	3.1	1.5	1.3	16.6	0.9	3.6
Fétuque des prés	E. Witting jeune	89.1	14.7 [1])	7.4	25.6	5.2	9.2	3.9	1.7	22.8	3.9	11.2
»	Arendt	62.1	10.1	4.5	—	—	3.2	2.2	—	25.5	0.7	—
Fromental	Arendt	71.0	18.4	5.0	—	—	3.6	—	—	25.5	1.2	—
Avoine dorée	Way & Ogoston	45.4	10.1 [2])	4.2	16.4	0.6	3.6	1.4	1.8	16.0	1.1	0.3
Houlque laineuse	Way & Ogoston	53.8	14.3	4.4	20.4	1.9	4.6	1.9	2.4	15.5	0.2	3.2
»	Knop & Arendt	76.1	24.1	4.6	—	—	4.6	1.4	—	39.0	1.4	—
Fléole des prés	Tableaux de Wolff	58.7	15.5	6.9	20.4	1.1	4.7	1.9	1.7	18.9	0.5	3.0
Vulpin des prés	Way & Ogoston	66.7	13.1 [3])	4.2	28.9	—	2.8	0.0	1.5	26.0	0.3	3.0
Flouve odorante	Arendt	63.5	17.5	3.9	—	—	2.2	1.0	—	30.4	0.5	—
»	Way & Ogoston	53.7	11.7 [4])	5.5	19.8	1.4	5.0	1.3	1.8	15.4	0.6	3.4
Trèfle rouge	Tableaux de Wolff	59.0	19.7	5.7	19.0	1.2	20.6	6.4	1.9	1.6	0.6	2.2
Trèfle hybride	Traité des engrais de Wolff	40.6	24.6	4.1	11.3	1.2	13.8	5.1	1.7	1.7	0.2	2.2
Trèfle blanc	Tableaux de Wolff	63.0	22.5	8.0	13.5	4.6	19.0	5.9	4.7	2.8	1.3	2.7
Esparcette	Tableaux de Wolff	47.3	21.9	4.7	13.4	1.5	17.3	3.1	1.4	3.6	0.5	1.8
Alpiste roseau	Barbieri, champ d'essais	65.8	6.7	7.1	18.9	0.3	2.7	0.9	3.4	30.6	0	1.0
Pâturin des prés	Barbieri, champ d'essais	59.3	9.9	8.2	15.0	0.5	1.9	0.4	1.3	24.3	0	4.0
»	Way & Ogoston	51.9	—	5.2	20.0	0.4	2.9	1.4	2.2	17.2	0.2	3.2
»	Knop & Arendt	61.8	16.6	3.9	—	—	4.3	2.0	—	27.6	1.0	—
»	Collier	44.5	15.8	4.4	18.8	—	2.1	1.4	2.1	13.5	—	2.8
Pâturin commun	Barbieri, pré de l'hôpital	82.6	9.8	12.7	26.3	1.1	7.2	1.2	4.2	19.3	0	10.1
Pâturin des Alpes	Barbieri, champ d'essais	123.7	16.9	14.1	36.0	2.3	8.1	4.8	5.0	43.1	2.3	9.0
Fétuque ovine	Barbieri, champ d'essais	63.9	11.7	4.6	16.8	0.2	2.5	0.6	1.7	37.3	0.1	1.5
»	Hruschauer	28.1	—	3.0	4.7	3.5	6.5	2.3	1.2	6.0	0.8	0.1
Fétuque rouge traçante	Barbieri, champ d'essais	63.5	7.9	9.0	11.5	0.5	3.9	0.4	1.8	32.7	0	3.3
Fétuque rouge hétérophylle	Barbieri, champ d'essais	77.7	8.7	10.7	14.1	0.6	2.5	0.3	1.9	44.0	0	4.8
Brome dressé	Barbieri, Zürichberg	53.4	14.5	6.6	16.6	1.1	4.4	1.9	1.8	15.2	0.5	3.5
»	Way & Ogoston	44.5	—	3.4	12.1	0.3	4.6	2.2	2.4	17.2	0.1	2.6
Brome inerme	Barbieri, champ d'essais	63.3	7.7	8.3	16.3	0.6	3.4	0.8	2.6	30.1	Oxyde de fer traces	1.5
Crételle des prés	Way & Ogoston	54.9	13.7 [5])	4.0	17.7	—	5.6	1.3	1.8	22.0	0.1	1.2
»	Arendt	70.6	22.8	5.4	—	—	3.2	1.3	—	29.7	0.9	—
Galéga	Barbieri, champ d'essais	71.8	27.3	8.9	25.4	2.0	14.3	2.8	3.4	8.9	0.7	4.5
Anthyllide	Tableaux de Wolff	54.9	22.8	4.8	14.9	0.7	28.5	2.5	0.7	1.8	0.7	0.5
»	Barbieri, champ d'essais	90.2	20.5	9.2	25.4	1.1	24.9	3.0	2.8	16.2	0.9	7.0
Luzerne	Tableaux de Wolff	85.9	23.6	7.3	21.9	1.5	34.9	4.2	4.9	8.2	1.6	2.5
Lupuline	Anderson & Marchand	55.5	24.2 [6])	4.6	17.3	4.5	15.4	4.7	2.2	1.9	0.7	4.9
Lotier corniculé ordinaire	Barbieri, Zürichberg	79.1	25.1	10.9	23.3	0.9	20.8	5.2	2.4	7.3	1.6	4.5
Foin de prairie	Tableaux de Wolff	60.0	15.5	4.3	16.0	2.2	9.6	4.1	3.1	17.2	0.9	3.7

D'après Collier, Wolff, Ritthausen & Scheven. — [2]) D'après Way et Ritthausen & Scheven. — [3]) D'après Way, Frei et Ritthausen & Scheven. — [4]) D'après Way, Wolff, Frey, Peters et Collier. — [5]) D'après Way et Ritthausen & Scheven. — [6]) D'après les tableaux de Wolff.

Errata. La figure 60, citée mais omise à la page 65, est la même que la figure 5 de la planche 28.

Publications de la Librairie K. J. WYSS à Berne.

TARIF

des

DOUANES DE FRANCE

applicable

aux produits des États qui ont droit, à teneur de leurs traités avec la France, au traitement

de la Nation la plus favorisée.

Dressé d'après l'édition officielle

du

Tarif des douanes de France

par

G. MANUEL,

Réviseur général des péages fédéraux.

Prix Fr. 1. 30.

CODE FÉDÉRAL DES OBLIGATIONS

et

LOI FÉDÉRALE SUR LA CAPACITÉ CIVILE

Seule édition avec les textes allemand et français.

Prix broché Fr. 2. 40, relié Fr. 3. 60.

CODE FÉDÉRAL DES OBLIGATIONS

Édition in-octavo.

Prix Fr. 1. 50.

En vente dans chaque librairie.

www.ingramcontent.com/pod-product-compliance
Ingram Content Group UK Ltd.
Pitfield, Milton Keynes, MK11 3LW, UK
UKHW021104200726
13857UKWH00003B/1094